Das Benediktiner-Kloster Einsiedeln

Ein Blick hinter die Klostermauern

Text und Illustrationen
von
Frater Harry Bruno Greis

VERLAG SCHNELL & STEINER MÜNCHEN · ZÜRICH

Vordere Umschlagseite: *Westfassade*
Seite 80: *Ährentragender Engel über dem Predigtraum*
Rückwärtige Umschlagseite: *Ostfassade mit „Herrengarten"*

CIP-Titelaufnahme der Deutschen Bibliothek

Greis, Harry Bruno:
Das Benediktiner-Kloster Einsiedeln : ein Blick hinter die Klostermauern /
Text und Ill. von Harry Bruno Greis. -
München ; Zürich : Schnell und Steiner, 1992
ISBN 3-7954-1022-3
NE: HST

Layout und Gestaltung: Fr. Harry Bruno Greis
Besonderer Dank gilt Fr. Basil Höfliger für seine wertvolle Mithilfe.

Gesamtherstellung: Erhardi Druck GmbH, Regensburg
ISBN 3-7954-1022-3

„Wir wollen deshalb eine Schule für den Dienst des Herrn gründen.
Bei ihrer Einrichtung möchten wir nichts Hartes, nichts Schweres anordnen.
Wird aber aus einem angemessenen Grund zur Läuterung von Fehlern
und zur Erhaltung der Liebe eine etwas strengere Forderung gestellt,
sollst du nicht, von plötzlicher Angst verwirrt, vor dem Weg des Heils
zurückschrecken, der am Anfang nicht anders als eng sein kann.“

Benedikt in seiner Regel

Pater erzählen Sie uns von ihrem Kloster

Sie lernten sich ganz zufällig an der Klosterpforte kennen: Ralph aus Zürich, Silvia die Tessinerin, Judith aus dem Schwarzwald, und der Freiburger Daniel. Ralph interessierte sich vor allem für das barocke Bauwerk, während Silvia mehr über das Kloster und seine Geschichte erfahren wollte. Judith, die mit einer Gruppe Wallfahrer hergepilgert war, brannte danach zu wissen, wie die Mönche hier lebten und Daniel schließlich hatte das Kloster per Velo eigentlich nur als Ausflugsziel angepeilt.

Sie waren sich schnell einig: Über diesen Ort, an dem der Geist einer mehr als tausendjährigen Geschichte wehte, wo über Jahrhunderte Kunst und Kultur gepflegt wurde und wohin seit jeher unzählige Menschen in Freud und Leid pilgerten um zu beten – über diesen Ort wollten sie mehr erfahren.

So brachen sie auf zu einem Rundgang um die Klostermauern und näherten sich eifrig diskutierend dem Friherrenberg, wo sie vollen Blick auf das Stift genossen.

Und doch erschien ihnen das Kloster wie eine andere, eine fremde Welt. „Die Mönche müssen Heilige sein, die den ganzen Tag nur beten und nie miteinander sprechen," sagte Silvia. „Das glaube ich nicht", meinte Daniel, „da gibt's eine Schule, die zum Kloster gehört, und gerade vorhin habe ich einen Mönch mit einer Karrette voll Zementsäcken gesehen. Die arbeiten also." „Ja und sprechen tun sie auch", machte Ralph, „aber ich glaube, nicht immer. Hingegen stehen sie, soviel ich weiß, schon um Mitternacht auf."

So erreichten sie das Bänklein, auf dem sich ein Mönch mit schneeweissen Haaren ausruhte. Er hatte den letzten Satz von Ralph gehört, drehte sich um und lächelte: „Die Weltleute haben immer so eigenartige Vorstellungen von uns. Also aufstehen tun wir erst um fünf Uhr, und das, so scheint mir, ist doch keine unchristliche Zeit."

Alle lachten herzlich. „Leben Sie schon lange im Kloster?" „Über sechzig Jahre." „Da haben Sie wohl manches erlebt." „Ach Gott ja, viel Schönes, manchmal auch Trauriges." „Ist es wahr, daß einer, der eintreten will, tage- und nächtelang vor der Pforte sitzen und hungern muß, bis er eingelassen wird?" „So hat es Benedikt in seiner Regel wohl geschrieben, aber damals bedeutete ein Kloster nicht nur Sicherheit, sondern auch einen gedeckten Tisch. Heute gelten andere Kriterien für die Aufnahme." „Aber man muß doch superfromm sein?" „Wir sind gewöhnliche Menschen, die nur einen besonderen Weg gehen wollen; Menschen sicherlich mit Idealen, aber auch mit Schwächen und Fehlern."

Sie setzten sich: „Bitte Pater, erzählen Sie uns von ihrem Kloster, von den Mönchen, von Einsiedeln," „Wenn Ihr Zeit habt, gerne."

Ein Eremit in einer alten Grabkammer zur Anfangszeit des christlichen Mönchtums. Hier lebte er oft bis zu seinem Tod. In die Nische hatte er ein Kreuz und Pflanzen gemalt. Zu dieser Nische gewendet verrichtete er seine Gebete.

Die ersten Mönche in der Wüste

Das christliche Mönchtum hat seine Wurzeln in Ägypten, Palästina, Syrien und Kleinasien. Schon zur Zeit der ersten Christen gab es Menschen, die Jesus ganz besonders nachfolgen wollten und zwar über das von normalen Christen verlangte Maß hinaus. Dazu wählten sie die Askese – eine strenge und enthaltsame Lebensweise. Sie verzichteten auf jede Art von Genüssen, blieben ehelos und aßen nicht mehr als zum Leben notwendig. Dafür sollte das Gebet und das Nachdenken über Gott und heilige Dinge soviel Platz wie nur möglich im Tagesablauf einnehmen.

Da eine solche Art zu Leben innerhalb der bewohnten Gebiete schwierig war, zogen sich Frauen und Männer vom dritten Jahrhundert an in die Wüste oder eine wilde Gegend zurück. Dort lebten sie als Einsiedler – man nennt sie auch Eremiten.

Antonius

Einer der berühmtesten Eremiten dieser Zeit war der heilige Antonius. Er lebte in der östlichen Wüste Ägyptens, zuerst viele Jahre in einer alten Grabkammer, dann in einem verlassenen Fort. Später gründete er mehrere Eremitenkolonien, denn von überall kamen junge Menschen, um ihm nachzufolgen. Der heilige Athanasius schrieb über ihn eine Biographie – die berühmte „Vita Antonii" – und machte ihn damit auch im Abendland bekannt. Antonius starb im Jahre 356.

Immer häufiger gruppierten sich nun Einsiedler in Eremitenkolonien. Dort wohnten sie zwar noch immer einsam in ihren eigenen Hütten oder Höhlen, kamen aber regelmäßig zusammen, um über Gott zu sprechen oder gemeinsam zu beten.

Ein Säulenheiliger.

Extreme Formen von Askese

Es gab selbstverständlich auch Einsiedler und Mönche, die ihr Asketentum radikal ernst nahmen und – zumindest für unser modernes Empfinden – übertrieben: Sie ließen sich in Höhlen einmauern oder lebten jahrelang auf einer Säule. Andere ließen sich schwere eiserne Ketten um die Hüften schmieden oder zogen ein Hemd aus beißenden Haaren an, das ständig auf der Haut kratzte.

Pachomius und die Klostermauer

Einen Markstein in der Geschichte des Mönchtums setzte Pachomius um 320 mit seiner Eremitenkolonie, die etwa 200 km unterhalb des heutigen Assuan-Staudammes am Nil lag: Er baute eine Mauer um sie herum. So entstand das erste von der Außenwelt abgeschlossene Kloster. Die Mönche aßen dort gemeinsam und versorgten sich selbst. Was aber ganz besonders wichtig war: Sie gehorchten jetzt einem Führer und hatten alles gemeinsam. In der Grundform erkennen wir bereits das Bild der späteren Mönchsklöster.

Mönchsregeln

Basilius der Große, ein Grieche, verfaßte um das Jahr 370 als Bischof von Cäsarea in Kappadokien für sein Kloster eine Regel, auf die sich dann rund 200 Jahre später auch der heilige Benedikt berief.

In Nordafrika schrieb der große Kirchenlehrer und Bischof Augustinus am Ende des vierten Jahrhunderts ebenfalls eine Regel. Er faßte Priester seiner Diözese in Hausgemeinschaften zusammen. Dort sollten sie miteinander beten, essen und wohnen, ansonsten aber hinausgehen, jeder an seine Aufgabe in der Seelsorge, Schule oder Mission. Nach der Regel des Augustinus leben heute noch verschiedene Ordensgemeinschaften.

Wälder ersetzen die Wüste

Über Spanien breitete sich das Mönchtum dann nach Gallien, England und Irland aus und von da – hauptsächlich durch Wandermönche mit der Christianisierung – in die übrigen Teile des heutigen Europas. Was den ersten Eremiten die Wüste, sollte hier im noch wenig urbar gemachten Abendland der Wald sein. Auch das Kloster Einsiedeln hat seinen Ursprung in einer Wald-Einsiedelei.

Eremittenkolonie in der Wüste Kellia in Ägypten. Das Bild ist eine Rekonstruktion, aber die Fundamente sind heute noch vorhanden.

Der Gotenkönig Totila versucht mit einer List Benedikt zu täuschen um zu sehen, ob er wirklich die prophetische Gabe besitze, wie alle Leute sagen. Aber Benedikt erkennt den Schwindel sofort.

Benedikt und seine Regel

Das Abendland erzitterte im Sturm der Völkerwanderung. Das stolze weströmische Reich war zusammengebrochen – dekadent und müde. Barbarenhorden brachen ins Land ein, suchten neue Lebensräume, wurden selber wieder von nachstoßenden Völkern verdrängt. Es herrschten Krieg, Zerstörung, Plünderung, Mord, Hunger und die Pest.

Zwar war es dem Ostgotenkönig Theoderich gelungen, von ganz Italien Besitz zu ergreifen und eine gewisse Ruhe zu halten, aber nach seinem Tod wütete der Krieg von neuem. Ums Jahr 541 wurde Totila König der Goten. Dieser hörte von einem Mönch namens Benedikt, der nicht nur Wunder wirken, sondern auch die Zukunft voraussagen könne. Totila ließ sich melden.

Vorher aber wollte er den Gottesmann durch eine Täuschung prüfen und schickte einen Schwertträger in seinen königlichen Gewändern und mit großem Gefolge zum Kloster Monte Cassino hinauf. Benedikt jedoch saß vor der Pforte und rief: „Lege ab, mein Sohn, lege ab, was du anhast, denn das gehört nicht dir!“ Er hatte den Schwindel durchschaut. Wenig später kniete Totila selbst vor dem heiligen Abt, dem Vater der Mönche und dem heutigen Patron Europas.

Der Menschenkenner und die Regel

Diese geschichtliche Begegnung zeigt eine der hervorragenden Eigenschaften des großen Mannes: Benedikt war ein Menschenkenner ersten Ranges. Als solcher hatte er sein Kloster gegründet und geführt, als solcher hatte er die Mönchsregel geschrieben, die das Antlitz des Abendlandes nachhaltig verändern sollte.

In der Höhle von Subiaco

Benedikt schrieb seine Regel nicht in einem Augenblick, nicht von heute auf morgen. Lange Jahre der eigenen Reifung und Jahre der Erfahrung in der Führung von Mönchen gingen der Zeit auf Monte Cassino voraus. Geboren wurde der Heilige um das Jahr 480 in Nursia in Umbrien. Für den Sohn aus gutem Hause ergab es sich von selbst, daß er als junger Mann nach Rom zog, um sich dem Studium der Wissenschaften zu widmen.

Angewidert von den verwilderten Sitten dieser Kriegsjahre, ließ er eines Tages alles stehen und liegen und zog sich in eine Höhle bei Subiaco zurück, um Mönch und Einsiedler zu werden. Er betete, schwieg und tat Buße. Aber immer mehr scharten sich Schüler um ihn. Mönche eines Klosters baten ihn schließlich, ihr Abt zu werden. Das Unternehmen scheiterte – Benedikt entging knapp einem Mordanschlag.

Das Kloster Monte Cassino, wie es sich heute zeigt. Im Zweiten Weltkrieg wurde es einmal mehr zerstört und danach im alten Stil wieder aufgebaut.

Wunder und Prophezeiungen

Dem heiligen Benedikt werden zahlreiche Wunder zugeschrieben. Auch sah er in Visionen vieles, was anderen Menschen verborgen blieb. Das meiste hat Papst Gregor der Große, selber Benediktinermönch, in seinen „Dialogen" für die Nachwelt aufgeschrieben. Einmal prophezeite Benedikt unter Tränen: „Das ganze Kloster, und alles, was ich für die Brüder eingerichtet habe, wird nach dem Gericht des allmächtigen Gottes den Kriegsvölkern übergeben."

Tatsächlich zerstörten 577 die Langobarden, 833 die Sarazenen, und 1349 ein Erdbeben das Kloster Monte Cassino. Im Zweiten Weltkrieg 1944 wurde es vollständig zerbombt und nach dem Krieg wieder im alten Stil aufgebaut.

Oben: *Im Kloster Einsiedeln befindet sich noch heute eine Abschrift der Mönchsregel Benedikts aus dem 9. Jahrhundert.*

Abt in Monte Cassino

Glücklicher zeigte sich die eigene Gründung von zwölf kleinen Klöstern mit je zwölf Mönchen im Tal von Subiaco. Zum vollen monastischen Ideal aber gelangte Benedikt erst auf Monte Cassino, wo er einen Apollo-tempel zum Kloster umbaute und schließlich seine Regel schrieb. Am 21. März 547 vollendete er sein Leben. Stehend, mit erhobenen Armen, von seinen Mitbrüdern gestützt, gab er seine Seele dem Schöpfer zurück.

Die Regel

Benedikt erfand weder das Kloster noch das Mönchtum und schrieb auch nicht die erste Regel. Aber seine Idee war so neu, so ausgewogen und klug – er wollte nichts Extremes, aber auch keine Lauheit – daß sie in immer mehr Klöstern zur Richtschnur wurde.

Der Tod des heiligen Mönchsvaters, wie er über dem Benediktsaltar in der Stiftskirche Einsiedeln dargestellt ist. Benedikt starb stehend, von seinen Mitbrüdern gestützt, im Chor seines Klosters.

Statue Benedikts an der „Hofpforte". Der zersprungene Kelch mit der Schlange stellt den mißglückten Giftanschlag dar, der auf ihn verübt wurde.

Ora et labora – bete und arbeite

Maßhalten in allen Dingen ist der Tenor durch alle Kapitel hindurch. Benedikt schreibt vor, daß die Mönche sich möglichst selber versorgen sollen, daß neben den festgelegten Gebetszeiten auch Raum für die eigene geistliche Lesung, für Meditation vorhanden sei, und daß ein gerütteltes Maß an handwerklicher Arbeit den Ausgleich schaffe. Kommt hinzu, daß der Mönch sich für alle Zeit verpflichten muß, im selben Kloster zu bleiben. Damit schob Benedikt der Unsitte, daß Mönche überall umherzogen und sich von frommen Leuten verköstigen ließen, den Riegel.

Geistige Ausrichtung der Regel Benedikts

- Gott suchen in Innerlichkeit, Stille und Gebet.
- Brüderliche Gemeinschaft, die alles gemeinsam hat wie die ersten Christen, und die nach dem Vorbild der Urkirche eine Gebets- und Tischgemeinschaft bildet.
- Leben nach der Regel, in Gehorsam unter dem selbstgewählten Abt.
- Maßhalten in allen Dingen, aber keine Mittelmäßigkeit.
- Gleichgewicht zwischen Gebet, Arbeit und geistlicher Lesung, – nichts dem Gottesdienst vorziehen. „Ora et labora."
- Beständigkeit, nicht nur als Bindung an das Kloster auf Lebenszeit, sondern auch in der Haltung, der Treue, der Zuverlässigkeit.
- Zweckfreiheit der Aufgabe: Jedes Kloster soll die Aufgaben erfüllen, die seinen geschichtlichen, örtlichen und personellen Gegebenheiten entsprechen.

Benedikt baute seine Regel auf drei Grundsäulen: An erster Stelle steht das Gebet, der Gottesdienst, dem nichts vorgezogen werden darf ...

Die Söhne Benedikts

Verschiedene glückliche Umstände führten dazu, daß die Regel des heiligen Benedikt zum Wegweiser der abendländischen Geschichte wurde. Die damalige Kultur ging praktisch nur von den Klöstern aus. Die Mönche konnten lesen und schreiben, im Gegensatz zu den meisten Menschen, ja sogar zu manchen Königen. Weil sie sich selber versorgen mußten, machten sie zahlreiche Erfindungen und entwickelten neue Methoden.

So gingen die adeligen Führungsschichten durch die Schulen der Benediktiner, während die Bauern und Handwerker von deren Erfahrungen in der Landwirtschaft oder in den Werkstätten profitieren konnten. Nicht zuletzt zeigten sich die Mönche auch als hervorragende Baumeister und Architekten.

Inseln der Ruhe und Sicherheit

Ihre Kunst, sei es nun Musik, Malerei oder die Abschrift von Büchern mit ihren herrlichen Miniaturen, strahlte weit über die Klostermauern hinaus. Da die Mönche selber in Armut lebten, kamen die Klöster zu erstem Wohlstand. Sie galten zudem als Inseln der Ruhe und der Sicherheit, gerade in dieser unruhigen Zeit. In ihren Schutz flüchteten sich auch Künstler, Handwerker, Bauern und Gelehrte. Die germanischen Eroberer respektierten die Klöster eigenartigerweise fast ohne Ausnahme.

Im Schutz der Könige

Gleichzeitig führte die Entwicklung auf der politischen

Die Kleidung der Benediktiner

Die Benediktiner tragen eine schwarze Kutte und einen Gürtel, meist aus Leder. Darüber hängt das Skapulier – ein breiter Stoffstreifen, der vorne und hinten bis zum Boden reicht. Am Skapulier ist die Kapuze angenäht. Für feierliche Gottesdienste tragen sie die Chorkutte. Sie hat weite Ärmel und viele Falten. Die Zeichen des Abtes sind Brustkreuz und Fingerring.

... Das Lesen religiöser Texte und das Nachsinnen darüber nehmen einen breiten Raum im Alltag des Klosters ein. Dazu gehört die Stille und das Schweigen. Der Mönch muß sich immer wieder aufmachen, um Gott zu suchen ...

Bühne Europas zu einer großen monastischen Blütezeit. Die Könige bedienten sich der Klöster, um ihre eigene Macht gegenüber dem Adel zu stärken. Als Karl der Große schließlich um 800 zum Kaiser gekrönt wurde, hatte er sein riesiges Reich unter anderem auch damit zementiert, daß er das Christentum durchsetzte und daß er allen Klöstern eine einheitliche Regel vorschrieb: die Regel Benedikts.

... schließlich gibt Benedikt der Arbeit einen hohen Stellenwert. Dabei ist nicht nur an körperliche Arbeit gedacht, sondern auch an geistige, wie Schule geben, Seelsorge betreiben oder studieren.

Meinrad nimmt Abschied von seiner Einsiedelei am Etzel.

Meinrad und die Einsiedler

An einem frühen Morgen des Jahres 835 steht auf dem Etzel ein einsamer Mann in abgetragener benediktinischer Mönchskutte. Er stützt sich auf seinen Stock und schaut in die Ferne. Weit oben im Norden muß die Insel Reichenau liegen, wo er schon als Bub die Klosterschule besucht, später die Gelübde abgelegt und die Priesterweihe empfangen hat. Sein Blick schweift hinüber an den oberen Zürichsee zum Klösterchen Babinchova, dem späteren Benken, und er entsinnt sich der Jahre, die er dort im Auftrag seines Abtes als Lehrer für die Schreibschule verbracht hat.

Der Mönch dreht sich zur Sonne und versucht, unterhalb des Etzels seine primitive Hütte und das schlichte Kapellchen im Wald zu orten. Seit sieben Jahren wohnt er hier in der Einsamkeit als Einsiedler; der Abt hatte ihm dazu die seltene Erlaubnis gegeben.

Die Stille trügt, im Land ist nicht Friede. Karl der Große ist längst gestorben und sein Sohn, Ludwig der Fromme, ist zu schwach, um das gewaltige Reich zusammenzuhalten. Seine Söhne haben sich gegen ihn erhoben und streiten um das zukünftige Erbe. Der Bruderkrieg steht unmittelbar vor der Türe. Das nutzen die Normannen, Slawen und Sarazenen, um immer wieder ins Reich einzufallen.

Der heilige Meinrad aber ist nicht aus diesem Grund auf den Etzel gestiegen. Nicht die Sorge um das Weltliche macht ihn nachdenklich. Im Gegenteil. Er möchte noch weiter weg, tiefer hinein in den Urwald, der im Süden zu seinen Füßen liegt, und der so dunkel und undurchdringlich ist, daß man ihn „Finstern Wald“ nennt.

Die Einsiedelei in der Nähe der Menschen hat zuviele Besucher angelockt: Ratsuchende, Pilger und Neugierige. Jetzt will er allein sein um ganz Gott dienen zu können, und heute nimmt er Abschied von seiner Klause am Etzel.

Allein im Finstern Wald

Meinrad fand den Ort, wo er die letzten 26 Jahre seines Lebens verbringen sollte, mitten in schwer zugänglichem Wald, unmittelbar bei einer Quelle. Dort baute er sich eine neue Klause, daneben eine Kapelle und wieder in einiger Entfernung eine Unterkunft für Gäste, denn ganz blieben diese nicht aus, da der Ruf des frommen Einsiedlers weit über Zürich hinausdrang.

Mit Gebet und Fasten diente der Heilige fortan nur noch seinem Schöpfer. Er gab Rat, spendete Trost und schenkte alles, was er erhielt, an die Armen

Nachdem die Räuber Richard und Peter den Einsiedler Meinrad erschlagen haben, stürzen sich die zahmen Raben auf sie und verfolgen sie bis nach Zürich. Dort werden die Mörder erkannt und verurteilt.

Die Meinrads-Kapelle auf dem Etzel. Sie erinnert an die Zeit, die der Einsiedler hier verbrachte.

Rechts: *Das Klosterwappen mit den beiden Raben.*

weiter. Der „Finstere Wald" war keine Idylle. Die Winter klirrten vor Kälte. Wölfe und Bären beherrschten die Tierwelt, Dornen und Gestrüpp erschwerten das Vordringen in der Wildnis. Zwei Raben freundeten sich mit Meinrad an, nachdem er ihnen das Leben gerettet hatte.

Von Räubern erschlagen

Am 21. Januar 861 allerdings erfragten zwei üble Gesellen den Weg zum Einsiedler. Meinrad ahnte, daß sie nichts Gutes im Schilde führten. Trotzdem bewirtete er sie gastfreundlich. Der Alemanne Richard und der Rätier Peter aber vermuteten beim Waldbruder wertvolle Schätze. Sie erschlugen ihn.

Außer ein paar Habseligkeiten fanden sie allerdings nichts und flüchteten in Panik bis hinab nach Zürich, denn die beiden aufgebrachten Raben verfolgten sie bis in die Limmatstadt. Dort bedrohten die Vögel die beiden Männer so lange, bis man sie als die Mörder Meinrads erkannte und hinrichtete. Meinrad wurde auf der Insel Reichenau begraben. Seine Klause zerfiel.

Hier vermengt sich Wirklichkeit und Legende. Die Raben aber sind bis heute die Wappentiere von Einsiedeln geblieben. Auf gelbem Grund für das Kloster, auf rotem für das Dorf.

Einsiedler bei der Meinradszelle

Es sollte mehr als vierzig Jahre dauern, bis wieder menschliches Leben an den Ort bei der Quelle im „Finstern Wald" kam. Benno, ein Domherr aus Straßburg, ließ sich mit

Seite 17: *Ein Einsiedler meldet dem blinden Benno die Ankunft des Straßburger Domprobstes und seines Gefolges.*

Reliquiar mit dem Haupt Meinrads.

einigen Gleichgesinnten 906 hier nieder, rodete den Wald und baute die Kapelle wieder auf. Im Umkreis errichteten die Einsiedler ihre eigenen Klausen. So lebten sie zwar als Eremiten, aber doch in einem brüderlichen Verband, dessen Zentrum die wiedererrichtete Kapelle Meinrads war.

Benno mußte allerdings nochmals in die Welt hinaus, da ihn König Heinrich I. zum Bischof von Metz ernannte. Der fromme Mann geriet dabei in die politischen Auseinandersetzungen zwischen dem König und seinen Gegnern. Diese blendeten und mißhandelten ihn. Darauf kehrte er endgültig zur Einsiedelei zurück, wo er bis zu seinem Tode als „Vater“ geehrt und geachtet wurde.

Ein Kloster wird gegründet

Vermutlich setzten sich die adeligen Verwandten Bennos nach dessen Demütigungen als Bischof von Metz zusammen und beschlossen, für ihn im „Wald“ ein Kloster zu errichten. Am 16. September 934 jedenfalls kam ein naher Verwandter Bennos, Eberhard, ein Nellenburger, der Dompropst in Straßburg war, mit reichen Mitteln und großem Gefolge zur „Meinradszelle“, bildete eine klösterliche Gemeinschaft unter der Regel Benedikts und wurde ihr erster Abt.

Als vornehmer Adeliger brachte Eberhard gleich seine Eigenleute mit und siedelte diese als die ersten Gotteshausleute auf den neuen Rodungen an. Zudem erwarb er aus eigenen Mitteln Ländereien am Zürichsee. Somit war auch die materielle Grundlage für eine Klostergründung gegeben.

Meinrad kehrt zurück

Die Gebeine des heiligen Meinrad kehrten erst im Jahre 1039 von der Insel Reichenau an den Ort seines Einsiedlerlebens zurück. Das Haupt ist heute in einem silbernen Reliquiar gefaßt und wurde 1984 von Papst Johannes Paul II. bei der Weihe des neuen Hauptaltares in eine Altarlade gelegt. Am Meinradstag trägt es ein Priester jeweils in feierlicher Prozession zur Gnadenkapelle.

Otto der Große bestätigt im Oktober 947 eines der wichtigsten Dokumente für das junge Kloster: Die Reichsunmittelbarkeit. Damit steht das Kloster direkt unter dem König und niemand darf sich in die inneren Angelegenheiten einmischen. Allerdings hat die Geschichte gezeigt, daß solche Dokumente in der Praxis nicht immer eingehalten wurden.

Das Reichs-Kloster

Nachdem schon Karl der Große sein Reich gestärkt und geeint hatte, indem er das Christentum durchsetzte und für alle Klöster die Regel Benedikts vorschrieb, war es vor allem Otto I. – später ebenfalls der Große genannt – der sich den Weg zur Kaiserkrone dadurch ebnete, daß er Äbte und Bischöfe mit Grundbesitz und Vollmachten ausstattete.

Otto I. und die Reichskirche

Um das Königtum gegen die Herzogtümer abzuschirmen, stützte sich Otto auf die Reichskirche und übertrug dabei weltliche Herrschaft an Bischöfe und Äbte bedeutender Klöster. Damit gewann er an Einfluß auf die Kirche, und die Bischöfe und Äbte konnten ihre Rechte nicht vererben, weil sie keine Nachkommen hatten.

Am 27. Oktober 947 unterschrieb Otto I. in Frankfurt die für das junge Kloster im „Finstern Wald" wichtigste Urkunde: Die Reichsunmittelbarkeit und das Recht auf freie Abtswahl.

Eine Fürstabtei

Das Kloster unterstand damit direkt dem König, und der Abt übte das Hoheitsrecht innerhalb des Klosterbezirkes aus. Im 13. Jahrhundert erhielten die Äbte solcher Reichsklöster dann sogar den Fürstenrang.

Diese Privilegien und die laufend dazugeschenkten Ländereien mit ihren Steuereinnahmen brachten dem Kloster die nötige materielle Grundlage und ließen es in den ersten Jahrhunderten seines Bestehens zur bedeutenden Abtei werden.

Die Geroldsschale soll dem heiligen Gerold gehört haben, der wegen eines Aufstands gegen Otto I. fliehen mußte und später dem Kloster Besitzungen in Vorarlberg schenkte. Die Schale wird heute noch am Geroldstag mit Wein gefüllt im Refektorium zum Umtrunk gereicht.

Regeltreues Reformkloster

Der Geist der ersten Mönche und Äbte aber war es, der Einsiedeln zum Reformkloster machte. Ganz im Sinne Meinrads hielt sich die Klostergemeinschaft treu an die Regel Benedikts. So wurden immer wieder Mönche aus Einsiedeln als Äbte anderer Klöster oder als Bischöfe berufen. Auch bei vielen Klosterneugründungen oder Reformen waren sie beteiligt. Ein regeltreues Kloster galt auch als königstreu und erhielt dafür ständig weitere Vorrechte und Ländereien. So hatte das Kloster an der „Meinradszelle“ schließlich Besitzungen bis nach Bern, nach Vorarlberg oder ins Elsaß.

Adelsprivilegien und Einmischung

Die Rechte der Reichsabteien bargen aber auch Gefahren in sich: Einmal wurden nur noch Adelige als Novizen aufgenommen, auch wenn dadurch der Konvent schrumpfte. Um das Jahr 1525 bestand die Einsiedler Klostergemeinschaft gerade noch aus dem Abt. Zum zweiten mischten sich weltliche Herren in die Abtswahl ein und besetzten nicht selten diesen Posten mit eigenen Leuten oder Verwandten, die manchmal weder Mönch noch Priester waren.

Tauziehen um die Schirmvogtei

Geistliche durften nicht selber Waffen tragen oder ein Bluturteil fällen. Deshalb hatte das Kloster von Anfang an einen Schirmvogt, der es in weltlichen Interessen schützen und schwere Übeltäter strafen sollte. Da das Amt mit Einkünften verbunden war – und je nach Durchsetzungsvermögen des Abtes praktisch der Landeshoheit gleichkam – war es sehr begehrt.

Die St. Gangulfkapelle, etwa 300 m nördlich des Klosters, am alten Pilgerweg, stammt aus der Gründungszeit. Sie wurde nach dem Klosterbrand 1029 errichtet und ist der älteste noch erhaltene Bau in Einsiedeln.

Die Rolle von Schwyz

Diesen gotischen Reliquienschrein Herzog Karls des Kühnen, brachten die Eidgenossen als Beute aus den Burgunderkriegen nach Einsiedeln, wo er noch heute aufbewahrt wird.

Als im Jahre 1018 Kaiser Heinrich II. dem Kloster das Einzugsgebiet der Flüsse Alp, Biber und Sihl zu Lehen gab, stieß es mit der Talschaft Schwyz zusammen, die nach Norden expandierte. So entbrannten jahrhundertelange Grenzstreitigkeiten, die zu zahlreichen Überfällen der Schwyzer auf Weiden und Höfe des Klosters und zu ebenso heftigen und blutigen Gegenschlägen der Schirmvögte führten.

Mehrmals stritten sich die Schwyzer und die Äbte vor dem Kaiser. Die Schiedssprüche fruchteten allerdings wenig, und als 1283 die Schirmvogtei über das Kloster von den Grafen von Rapperswil an die Habsburger überging – die Erzfeinde der Schwyzer – nahm das ganze politischen Charakter an.

Überfall der Schwyzer

In der Dreikönigsnacht des Jahres 1314 überfielen die Schwyzer das Kloster, plünderten es und trieben die Mönche samt den Knechten und dem Vieh nach Schwyz. Einzig der Abt hatte sich mit den kaiserlichen Urkunden in Sicherheit bringen können. Elf Wochen

Die Schwyzer überfallen in der Dreikönigsnacht 1314 das Kloster und führen die Mönche in wochenlange Gefangenschaft. Die Strafexpedition der Habsburger im folgenden Jahr, die für diese bei Morgarten vernichtend endete, war nicht – wie oft gesagt wurde – eine direkte Folge des Überfalls. Aber er brachte den Stein ins Rollen.

lang dauerte diese Gefangenschaft. Der sogenannte Marchenstreit ging aber weiter. Nicht zuletzt als Strafexpedition war jener Feldzug der Habsburger gedacht, der dann als Schlacht bei Morgarten in die Geschichte der Eidgenossenschaft eingehen sollte. Erst 1350 kam es zum Frieden.

Die Schwyzer zwingen Abt Konrad von Hohenrechberg zum Rücktritt. Eine zwar illegale Maßnahme, aber sie rettete dem Kloster das Leben.

Schwyz als Schirmvogt

Die Schwyzer entrissen als Folge der Schlacht bei Sempach nach 1386 den Habsburgern die Schirmvogtei über Einsiedeln und das Kloster. Sie mischten sich fortan nun auch in innere Angelegenheiten der Abtei ein, was zu erneuten Spannungen führte. Aber so paradox es klingen mag, gerade dieser Umstand rettete das Kloster in seinen größten Krisen vor dem Untergang.

Das Kloster am Tiefpunkt

1516, am Vorabend der Reformation, wirkten gerade noch drei Leute im Kloster: Abt Konrad von Hohenrechberg, der mehr die Jagd liebte als das Chorgebet, sein Pfleger Diebold von Geroldseck als einziger Mönch und der als Pfarrer angestellte Huldrich Zwingli. Als Zwingli ein paar Jahre später in Zürich die Reformation einleitete, folgte ihm Diebold.

Nun forderten die Schwyzer den alten Abt Konrad zum Rücktritt auf und holten den Dekan des Klosters St. Gallen als Abt nach Einsiedeln. Zudem schafften sie das Adelsprivileg ab. Das war Rettung in letzter Stunde. Von den 94 benediktinischen Häusern in der Schweiz überlebten die Reformation nur vierzehn – darunter Einsiedeln.

Das Schloß Sonnenberg bei Stettfurt.

Neue Blüte nach der Reformation

Wie zu den Anfangszeiten bemühte sich der Konvent um Regeltreue. Vor allem Abt Joachim Eichhorn sorgte für klösterliche Ordnung, würdigen Gottesdienst und gute Ausbildung der Mönche, deren Zahl nun auch im Zeichen der Gegenreformation anstieg. Das Kloster kam wieder zu großer Blüte und Strahlkraft.

Nach der Reformation drängte Schwyz die Abtei, Schloßgüter in reformierten Gegenden zu kaufen und als Statthaltereien einzurichten, um katholische Stützpunkte zu setzen. So kamen Sonnenberg, Freudenfels und Gachnang zum Stiftsbesitz.

Durch gefährliche Zeiten zur Gegenwart

Eine heikle Situation: Pater Martin Du Fay de Lavallaz tritt den französischen Revolutionssoldaten unter General Schauenburg auf dem Klosterplatz mutig entgegen um zu verhandeln. Es gelingt ihm das Schlimmste zu verhindern.

Es ist der 3. Mai 1798. Unter General Schauenburg rücken sechstausend französische Revolutions-Soldaten an und beschlagnahmen das Kloster. Abt und Konvent sind nach St. Gerold in Österreich geflohen, nur das Nötigste und Wertvollste haben sie mitgenommen.

Der fast neue Barockbau wirkt auf die Soldaten aggressiv. Zu sehr widerstrahlt er den königlichen Glanz einer Zeit, aus der sie eben erst mit Gewalt ausgebrochen sind. Außerdem hat das Kloster Priestern, die aus Frankreich geflüchtet sind, Zuflucht gewährt.

Auf dem Platz draußen tritt ihnen Pater Martin Du Fay de Lavallaz entgegen – ein Haudegen, Walliser von Geburt und vor seinem Klostereintritt Offizier in französischen Diensten. Er hat nicht nur eine gehörige Portion Mut, er kennt auch die rauhe Sprache der Soldaten und den scharfen Ton der Offiziere. Es gelingt ihm zu verhandeln und das Schlimmste zu verhüten.

Schauenburg ordnet eine systematische Plünderung des Klosters an, und das lassen sich die Soldaten nicht zweimal sagen. Vierzehn Tage lang wird alles weggeschleppt, was nicht niet- und nagelfest ist.

Erst drei Jahre später, als Napoleon an die Macht kommt, dürfen die über neunzig Mönche wieder zurückkehren. Gestohlenes Kirchengut muß zurückerstattet werden, aber vieles bleibt für alle Zeiten

Die Klosterkirche der von Einsiedeln aus gegründeten Erzabtei St. Meinrad im US-Staat Indiana.

verschwunden, und das Stift hat schwer gelitten.

Verzicht auf Hoheitsrechte

Das Gesicht Europas war verändert. Der Fürstabt verzichtete auf seine Hoheitsrechte, die ohnehin im Schatten von Schwyz nur noch Staffage waren. Das Kloster Einsiedeln hatte sich schon lange auf seine eigentliche und ursprüngliche Aufgabe zurückbesonnen und aufgehört, Politik zu machen. Das rettete seine Existenz, im Gegensatz zu derjenigen des stolzen Stiftes St. Gallen, dessen Abt partout nicht auf seine Fürstenwürde verzichten wollte.

Auch im ebenfalls turbulenten Sonderbundskrieg verhielt sich Einsiedeln still und ruhig, mußte allerdings den Schwyzern einen beträchtlichen Geldbetrag an die Kriegsschuld beisteuern und dafür das Schloß Gachnang opfern.

Klostergründungen in den USA

Kirchenfeindliche Politiker und Maßnahmen der Regierungen gegen die Klöster brachten zahlreichen Klöstern den Untergang. Einsiedeln kam mit dem Schrecken davon. Aber diese Angst spielte mit, als Abt Heinrich Schmid 1852 Mitbrüder nach Nordamerika sandte, um im Staat Indiana ein Kloster zu gründen. Geld durfte keines aus der Schweiz transferiert werden. So half Einsiedeln mit Personal. In wenigen Jahren entstand aus dem Priorat in einem Blockhaus die große Erzabtei St. Meinrad. Weitere Klostergründungen folgten in North Dakota, Arkansas und Louisiana.

Religiöses Zentrum der Schweiz

Die nun folgende bürgerlich-katholische Zeit brachte dem Kloster eine erneute Hochblüte. Die Stiftsschule wurde ausgebaut, das innere Leben gestärkt, und die Wallfahrt – vor allem aus den katholischen Kantonen – stark ins Volksbewußtsein geprägt. Einsiedeln stieg zum geistigen Zentrum der Schweizer Katholiken auf und nimmt diesen Rang bis heute ein. Nach dem Zweiten Weltkrieg erreichte der Konvent seinen Höchststand mit über zweihundert Mönchen.

1907 bestätigte Papst Pius X. die Abtei als eine „Abbatia nullius“: Der Abt darf jetzt ähnliche Rechte wie ein Bischof wahrnehmen. So ist der Abt von Einsiedeln Mitglied der Schweizerischen Bischofskonferenz, die regelmäßig auch im Kloster tagt.

1984 bekam das Stift hohen Besuch: Papst Johannes Paul II. weilte mehrere Tage im Kloster und weihte den neuerstellten Hauptaltar.

Papst Johannes Paul II. bei der Einsiedler Madonna.

Die schwarze Madonna von Einsiedeln im „Innsbrucker Behang". Für jede Zeit im Kirchenjahr und für alle Feste erhält sie das passende Kleid.

Die schwarze Madonna

Es ist kein schönes Bild, das sich in diesem Frühling des Jahres 1798 im Heiligtum „Unserer Lieben Frau vom Finstern Wald" zeigt: Wo sonst fromme Pilger beten, lungern französische Revolutionssoldaten herum, würfeln, saufen und streiten um Essrationen. Pferdegeklapper, Flüche und schallendes Lachen, durchsetzt von scharfen Befehlen, dröhnen, wo sonst Mönchsgesang klingt. Staub von Stroh und Mist wirbelt in die Kuppeln hinauf und der Geruch von Pulver, Schwefel und Schnaps hängt in den entweihten Hallen.

In der Gnadenkapelle aber wird die Holzstatue der Muttergottes von ihrem Platz geholt und direkt nach Paris geschickt. Dort stellt man allerdings fest, daß es sich nur um eine Kopie handelt. Die Mönche haben diese gegen das echte, Jahrhunderte alte Gnadenbild ausgetauscht. Die Offiziere leiten eine Fahndung ein und suchen fieberhaft nach der Figur.

Die Flucht des echten Gnadenbildes ist nicht nur dramatisch, sie ist auch lebensgefährlich. Würden die Franzo-

Das Konventsiegel aus dem Anfang des 13. Jahrhunderts zeigt Maria mit Kind. Die Einsiedler Madonna hatte zu diesem Zeitpunkt bereits so viel Bedeutung, daß sie als Symbol für das Kloster stehen konnte.

Die spätgotische Statue ohne den bestickten Behang. Manche Leute würden sie lieber auf diese Art sehen. Der Künstler, der sie schuf, – vermutlich ein Italiener – hatte aber von Anfang an einen Behang vorgesehen: Der Kopf der Mutter ist ohne Bedeckung, erwartet also, daß Stoffe darüber gelegt werden.

sen die Statue finden, die der Klosterangestellte Placidus Kälin zuerst beim Sigristen von Alptal im Stall versteckt, dann auf der Haggenegg oberhalb Schwyz in den Boden eingräbt und schließlich auf einem Ochsenkarren in einer Kiste nach Bludenz ins Frauenkloster schmuggelt, so würde er standrechtlich erschossen. Die Einsiedler Madonna aber gelangt schließlich unversehrt bis nach Triest.

Indessen befiehlt das Direktorium in Paris, die Gnadenkapelle abzureißen. Mit Brecheisen, Hämmern und Stangen zerstören die Soldaten das Heiligtum.

Der Gnadenort sollte verschwinden

Die Franzosen wußten wohl, was sie taten. Es war nicht der kunsthistorische Wert dieses Gnadenbildes, der sie reizte; damals interessierte ohnehin nur, was aus wertvollem Material gefertigt war. Das Direktorium wußte zu genau: Solange in Einsiedeln die Gnadenmadonna in ihrer Kapelle stand, solange würden die Pilgerströme aus ganz Europa nicht versiegen, solange würde auch das Kloster weiterleben. Gnadenbild und Gnadenkapelle waren der Lebensnerv, sie mußten verschwinden.

Am Anfang die Kapelle Meinrads

Die Geschichte der Gnadenkapelle geht bis auf den heiligen Meinrad zurück. Als die ersten Einsiedler vierzig Jahre nach seiner Ermordung im „Finstern Wald" wieder Zellen errichteten, zimmerten sie über den Ruinen von seinem Altar eine Kapelle, die sie dem Erlöser weihten.

Der erste Abt, Eberhard von Nellenburg, baute daneben eine Kirche zu Ehren Marias und Mauritius', welche im August 948 feierlich eingeweiht wurde. Am darauffolgenden 14. September sollte dann auch die Erlöserkapelle geweiht werden.

Die Gnadenkapelle am Engelweihfest. Sie wird mit Blumen und Teppichen geschmückt und mit hunderten von brennenden Kerzen beleuchtet. Dann ziehen die Mönche mit der Monstranz in Prozession zum Heiligtum und singen Litaneien.

Die Engelweihlegende: Im Vordergrund der heilige Konrad als Bischof von Konstanz, der die Vision der nächtlichen Kapellweihe durch Christus hat.

Die Engelweihlegende

In der Nacht zuvor betete Bischof Konrad von Konstanz in der Kapelle und sah, wie Christus als Erlöser vom Himmel herabstieg und in einem violetten Meßgewand an den Altar trat. Die vier Evangelisten setzten ihm die Mitra auf, Engel schwangen das Rauchfaß und sangen unter Leitung von Erzengel Michael im Chor, während Petrus den Hirtenstab hielt. Viele Heilige wohnten der Meßfeier bei, in der Christus die Kapelle zu Ehren Marias, seiner Mutter, selber weihte.

Diese wunderschöne Legende macht den Wechsel von der Erlöser- zur Marienkapelle deutlich, der sich schon sehr früh vollzogen haben mußte. Der Ort wurde zum Gnadenort. Der 14. September wird als Fest der Engelweihe auch heute noch begangen. Am Abend erstrahlt die ganze Kirchenfront und die Gnadenkapelle festlich im Licht von vielen tausend Kerzen.

Das berühmte Gnadenbild

Eine eindrückliche Engelweihe feierten die Einsiedler im Jahre 1466, als 130.000 Menschen herpilgerten. Nach einem Brand war die Kirche, welche mittlerweile die Kapelle ganz überspannte, renoviert worden. Seit diesem Ereignis weiß man von dem Bildnis der Gnadenmadonna, die noch heute ihren gütigen Blick auf die Betenden legt, und die der Franzosengeneral so eifrig, aber erfolglos suchte.

Die Figur ist stehend, in sanft geschweifter, gotischer Schnitzerei. Sie hat das linke Bein etwas vorgestellt, die Haare leicht nach hinten gekämmt und über die Schultern fallend. Das erdbeerrote Kleid ist gegürtet und staut sich in vielen Falten über den Füßen. Schon sehr früh bekam Maria und das Jesuskind den prachtvoll bestickten Behang, der je nach Fest und Farbe wechselt und nur Gesicht und Hände freiläßt. Auf dem Haupt eine Krone – so hat sie schon Bruder Klaus gesehen.

Sie ist schwarz und schön

Die Einsiedler Madonna und ihr Kind sind schwarz und sie gehört zur Reihe der berühmten schwarzen Madonnen Europas. Schwarz geworden ist sie im Laufe der Jahrhunderte durch den Ruß von Kerzen, Öllampen und Weihrauch.

Als sie aber 1802, drei Jahre nach ihrer Flucht vor den Franzosen also, feierlich nach Einsiedeln zurückkehren durfte, wurde sie in Österreich restauriert. Der Künstler machte die Haut wieder sauber und damit fleischfarben. Doch die Leute waren enttäuscht: „Das ist nicht unsere Madonna – unsere ist schwarz!“ Er übermalte Gesicht und Hände mit schwarzer Farbe, und so blieb es bis heute. Im Volk hatte sich die Einsiedler Madonna als schwarze Madonna eingeprägt.

Die alte „Kapelle der Einsiedler“ erhielt nach dem Brand von 1465 ein Gewölbe und außen Strebepfeiler. Später wurde sie mit schwarzem Marmor verkleidet.

Eine neue Kapelle

Nach ihrer Rückkehr mußte sie allerdings noch Jahre warten, bis ihr der alte Platz in der Gnadenkapelle wieder zukam, denn erst 1817 wurde eine neuerbaute, leicht veränderte Kapelle unter dem gewaltigen Oktogon der Klosterkirche eingeweiht.

Das romanische Kloster, wie es etwa um 1500 ausgesehen hat. Deutlich ist die Unterteilung der Kirche in Oberes und Unteres Münster sichtbar. Dazwischen stehen die Türme. Das Gebäude ganz links ist die Abtei.

Das alte Münster

Bei den Überresten des Altars, den der heilige Meinrad gemauert hatte, errichteten die Einsiedler um 906 wieder eine Kapelle. Eberhard, der erste Abt, baute daneben eine Kirche, die der Bischof von Konstanz im August 948 einweihte. Sie hatte vermutlich einen ummauerten Vorhof, der die Kapelle umgab und der später überdacht wurde. So kam die Kapelle in die Kirche.

Über diese erste Klosterkirche weiß man praktisch nichts, außer, daß sie einmal vergrößert und 1029 durch einen Brand vollständig zerstört wurde. Angezündet hatte sie der Edelknecht Eppo von Nellenburg, aus Zorn darüber, daß seiner Familie das Vogteirecht weggenommen wurde.

Das romanische Kloster

Dann entstand das romanische Kloster mit der Kirche, die im Jahre 1039 feierlich eingeweiht wurde. Zu diesem Ereignis brachten die Mönche der Insel Reichenau die Reliquien des heiligen Meinrad wieder an den Ort, wo er als Einsiedler gelebt hatte und erschlagen wurde. Die Kirche teilte sich nun in zwei Räume, die durch die beiden Mitteltürme getrennt waren: Das aus dem überdachten Vorhof entstandene Untere Münster – die Wallfahrtskirche mit dem „Kirchlein in der Kirche" – und östlich davon das Obere Münster – die Klosterkirche mit dem Mönchschor.

Sechs Klosterbrände

1029 1. Brand: Vollständige Zerstörung nach Brandstiftung durch den abgesetzten Klostervogt.

1226 2. Brand: Kloster, Kirche und Kreuzgang brannten. Vermutlich Brandstiftung im Verlauf des Marchenstreits zwischen dem Kloster und Schwyz.

1465 3. Brand: Kirche und Kloster vollständig ausgebrannt, verursacht durch Kerzen und Öllampen in der Gnadenkapelle.

1509 4. Brand: Im Dorf ausgebrochen, zerstörte Häuser und das Kloster.

1577 5. Brand: Ausgebrochen in der Dorfziegelei und vom Föhn verbreitet, zerstörte fast das ganze Dorf und das Kloster. Gnadenkapelle blieb heil.

Dann blieb das Kloster glücklicherweise vierhundert Jahre lang verschont. Erst in unserer Zeit zerstörte das Feuer wieder einen wichtigen Gebäudeteil:

1983 6. Brand: Die Statthalterei brannte nach Brandstiftung teilweise aus.

Der Klausurbereich schloß sich südlich an die Kirche an. Zentrum war der Kreuzgang, zu dem alle wichtigen Räume, wie Schlafsaal, Speisesaal, Kapitelsaal, Küche oder Vorratskammern führten.

Das gotische Münster

Während fast 650 Jahren, das heißt bis zum barocken Neubau, blieb dieses Grundkonzept bestehen, obwohl nochmals vier Brände Schaden anrichteten und die Äbte laufend – manchmal sogar recht emsig – umbauten, anfügten und neuerstellten.

Den wichtigsten Eingriff an der Kirche machten die Mönche nach dem Brand von 1465, als nur noch die Mauern und die Gnadenkapelle stehen geblieben waren. Das Untere Münster bauten sie mit Quadersteinen neu auf. Um dem Feuer zu wehren, wölbten sie das Schiff und die Kapelle ein. Der graziöse gotische Stil löste den behäbigen romanischen ab.

Eine weitere, verheerende Brandkatastrophe zerstörte 1577 praktisch das ganze Dorf und das Kloster, während die Kirche selber verhältnismäßig glimpflich davonkam. Der Dachstock allerdings war abgebrannt, ebenso die Turmhelme, aber das Gewölbe hatte standgehalten und die Gnadenkapelle blieb unversehrt. Die Türme bekamen später Kuppelhauben, die Kapelle einen Mantel aus schwarzem Marmor.

Das gotische Kloster nach einem Stich von 1642. Der bald danach errichtete barocke Neubau reicht allein als Gebäude – ohne Werkstätten und Garten – fast bis an die Umfassungsmauern dieser gotischen Anlage.

Die barocke Westfassade wirkt durch ihre Gliederung in Mittelfront, Türme und Klosterflügel und durch die geschwungenen Arkaden mit dem Fraubrunnen einmalig.

Das barocke Stift

Gegen Ende des 17. Jahrhunderts war die Zeit reif, um die ganze Klosteranlage neu zu überdenken. Der Konvent hatte eine stattliche Mitgliederzahl erreicht, das Kloster blühte, religiöses Leben wurde gepflegt und die Wallfahrt war international geworden. Es war die Epoche der großen Baumeister, der barocken Kunst, die Zeit, in der Bach und Händel ihre Musik komponierten, Molière seine Komödien schrieb und in Versailles der Sonnenkönig regierte.

Einmalige Fassade

Der Strenge und Ausgeglichenheit der Renaissance folgten die verspielten und schwungvollen Formen des Barock. Die Einsiedler Klosterfassade enthält noch beides. In der Mitte, zwischen den Türmen, wölbt sich die Kirchenfront barock und festlich nach außen, während die Flügel mit den langen Fensterreihen eindrückliche Schlichtheit zeigen. Zusammen mit den geschwungenen Arkaden und dem Marienbrunnen bildet die Fassade eine geschlossene Einheit und besitzt eindeutig Wiedererkennungscharakter.

Alles strebt zum Himmel

In keiner Kunstepoche sind Architektur, Malerei und Plastik zu einer solch genialen Einheit verschmolzen wie im Barock. Dargestellt wird entweder irdische Lebensfreude – was vor allem in weltlichen Bauten zum Ausdruck kommt – oder tiefreligiöse Symbolik, das zukünftige Leben, die Ewigkeit.

In der Einsiedler Stiftskirche streben alle Formen in die Höhe, während die mächtigen Säulen unten ganz nackt sind. Gleichzeitig drängt die herrliche Pracht nach vorne zum Chor. Der Gesamtraum wird zudem von hinten nach vorne schmäler, aber höher und heller – eine bildlich dargestellte Vorausnahme des himmlischen Jerusalem

Ineinanderfließende Architektur

Die fünfschiffige Kirche ist in der Längsachse in fünf Räume gegliedert. Zuhinterst das gewaltige Oktogon, das die Gnadenkapelle überspannt, davor der Predigtraum mit der Kanzel und dem Fresko des Abendmahls im Gewölbe. Es folgt der dreißig Meter hohe Kuppelraum mit der Weihnachtsgeschichte und den beiden großen Orgeln auf der linken und rechten Seite.

In Lachsrosa gehalten und durch das schmiedeeiserne Gitter vom Schiff getrennt dann der Untere Chor mit dem von Papst Johannes Paul II. geweihten Hauptaltar, dem Abtsthron und den Chorstallen, überragt vom Tabernakel, den Apostelfiguren und dem Hochaltarbild, auf dem die Himmelfahrt der Gottesmutter dargestellt ist. Und schließlich unmittelbar dahinter der Obere Chor mit einem weiteren, prachtvoll geschnitzten Chorgestühl und der zweiteiligen Chororgel.

Die Marienorgel, 1988 durch die Firma Mathis neu ins barocke Gehäuse von Babel gebaut.

Geschlossene Einheit

Das Einsiedler Stift ist das größte geschlossene Barockkloster Europas. Die symmetrische Gesamtanlage von Kirche und Kloster bildet ein Achsenkreuz innerhalb eines großen Vierecks mit vier Innenhöfen und wird gerne mit dem spanischen Escorial verglichen. Im Schnittpunkt der Diagonalen liegt exakt der Untere Chor, wo die Mönche mehrmals am Tag gegenchörig das Stundengebet singen und die Messe feiern.

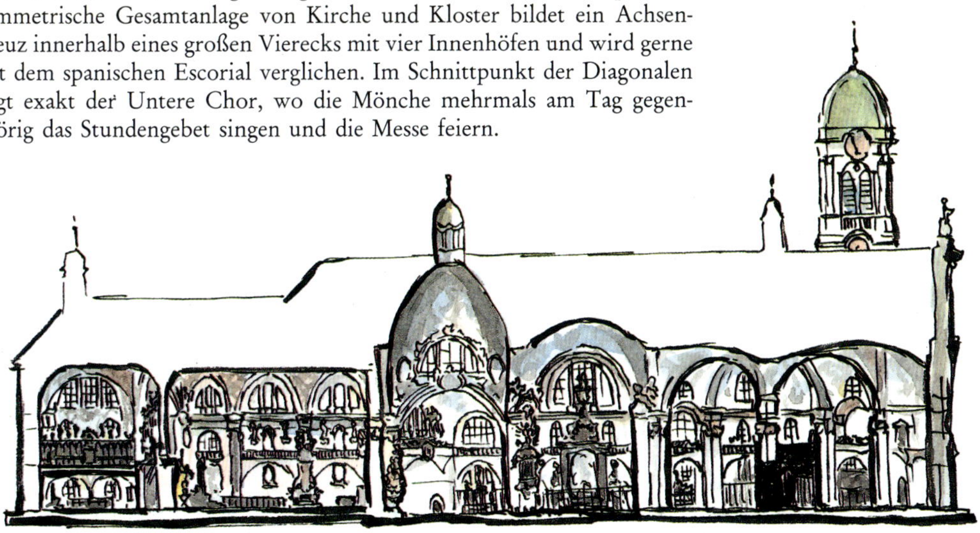

Oberer Chor mit Chorgestühl, Chororgel und Fresken der Kreuzigung. Darunter Sakristei.

Unterer Chor mit Tabernakelaufbau, Hauptaltar, Chorgestühl, Abtsthron, Priestersitz. Fresken der Erlösung.

Weihnachtskuppel mit Laterne, Orgeln, Ölberg-, Kreuz-, Sigismund- und Mauritiusaltar. Gruft.

Predigtraum mit Abendmahlskuppel und Kanzel. Benedikts-, Meinrads-, Anna- und Josefsaltar.

Oktogon mit Engelweihfresken. Gnadenkapelle, Patroziniums- und Rosenkranzaltar. Grab Bruder Meinrad Eugsters.

Kaspar Moosbrugger

Die Pläne für dieses gewaltige Bauwerk stammen von Bruder Kaspar Moosbrugger, der selber zum Kloster gehörte. Zahlreiche andere Kirchen- und Klosterbauten tragen seine Handschrift, mit Einsiedeln aber schuf er sein Meisterwerk. Zwanzig Jahre hatte er nur geplant, verworfen und neuentworfen. Die Vollendung der Kirche allerdings sollte er nicht mehr erleben.

Die Asams dekorierten

Von den Künstlern, die sich am Stiftsbau beteiligten, gehören die Brüder Cosmas Damian und Ägid Quirin Asam zu den berühmtesten ihrer Zeit. Der eine Maler, der andere Stukkateur, schmückten sie den Kirchenraum gemeinsam aus. Diese Hand-in-Hand-Arbeit ist gut zu sehen: Immer wieder werden die Deckenfresken plötzlich plastisch, streckt sich ein Fuß oder ein Arm aus dem Bild heraus – oder umgekehrt, überfliegt ein gemalter Engel samt seiner Wolke den vergoldeten Stuck.

Als Bösewicht verewigt

Wie sehr zur damaligen Zeit das tägliche Leben mit dem religiösen auch in der Malerei nahtlos verbunden wurde, zeigen verschiedene reizende Details. So zum Beispiel eine Katze, die unter dem Tisch des Abendmahles gierig aus einem Teller frißt, oder der treue Hund im selben Bild, der seinem pilgernden Herrn vom Schwarzwald bis nach Einsiedeln nachgelaufen war.

Auch war es durchaus Brauch, daß sich die Künstler in irgend einer Figur selber portraitierten, oder daß sie die Gesichtszüge anderer festhielten. Vor allem die Gebrüder Torricelli, die den Oberen Chor in einzigartiger Kulissenmalerei ausschmückten, waren Spezialisten auf dem Gebiet. Nicht selten sah sich ein Mönch, der am Morgen beim Vorbeigehen einen lockeren

Bruder Kaspar Moosbrugger bespricht Pläne am voranschreitenden Bau mit Graf Luigi Ferdinando Marsigli aus Bologna, der auf die Gestaltung großen Einfluß ausübte.

Ein von Johann Baptist Babel geschaffener Engel im Unteren Chor.

Das Kloster in Zahlen:

Klostermauer:	Länge: 258 m; Breite: 255 m; Fläche innerhalb der Mauern: 65.800 m²
Klostergebäude:	Länge: 156 m; Breite: 136 m; Fläche: 21.247 m²
Kirche:	Länge des Kirchenschiffes: 71 m; Länge Schiff und Unterer Chor: 99 m; Gesamtlänge mit Oberem Chor: 113 m; Breite des Kirchenschiffs: 41 m; Fläche der Kirche: 3.600 m²; Höhe des Oktogons über der Gnadenkapelle: 20 m; Höhe der Abendmahlskuppel: 22 m; Höhe der Weihnachtskuppel mit Laterne: 37,2 m; Höhe der Türme: 56 m; Glocken: 12 in Türmen und Dachreitern. Gewicht der größten Glocke: ca. 6.500 kg.

Der Untere Chor ist wie ein prachtvoller Festsaal ausgestattet. So stellte man sich den Himmel vor. In der Mitte zwischen den Chorstallen liegt das Zentrum des ganzen Klostergebäudes.

Spruch zum Malergerüst hinaufgeschickt hatte, am Nachmittag als Henkersknecht in der Kreuzigungsszene wieder.

Das Konventsgebäude ist maßvoll

Das Innere des übrigen Stifts ist maßvoll gehalten. Einzig der Große Saal und die Bibliothek sind mit prächtigen Stukkaturen und Gemälden dekoriert. Am ehemaligen Hof des Abtes gibt es einige sehr schön gearbeitete und zum Teil ausgemalte Gästezimmer. Das Refektorium – der Speisesaal – ist schlicht, aber geschmackvoll mit Grisaillemalerei ausgestattet. Der Kapitelsaal ist einfach und die Zimmer der Mönche sind bescheiden.

Die Anlage

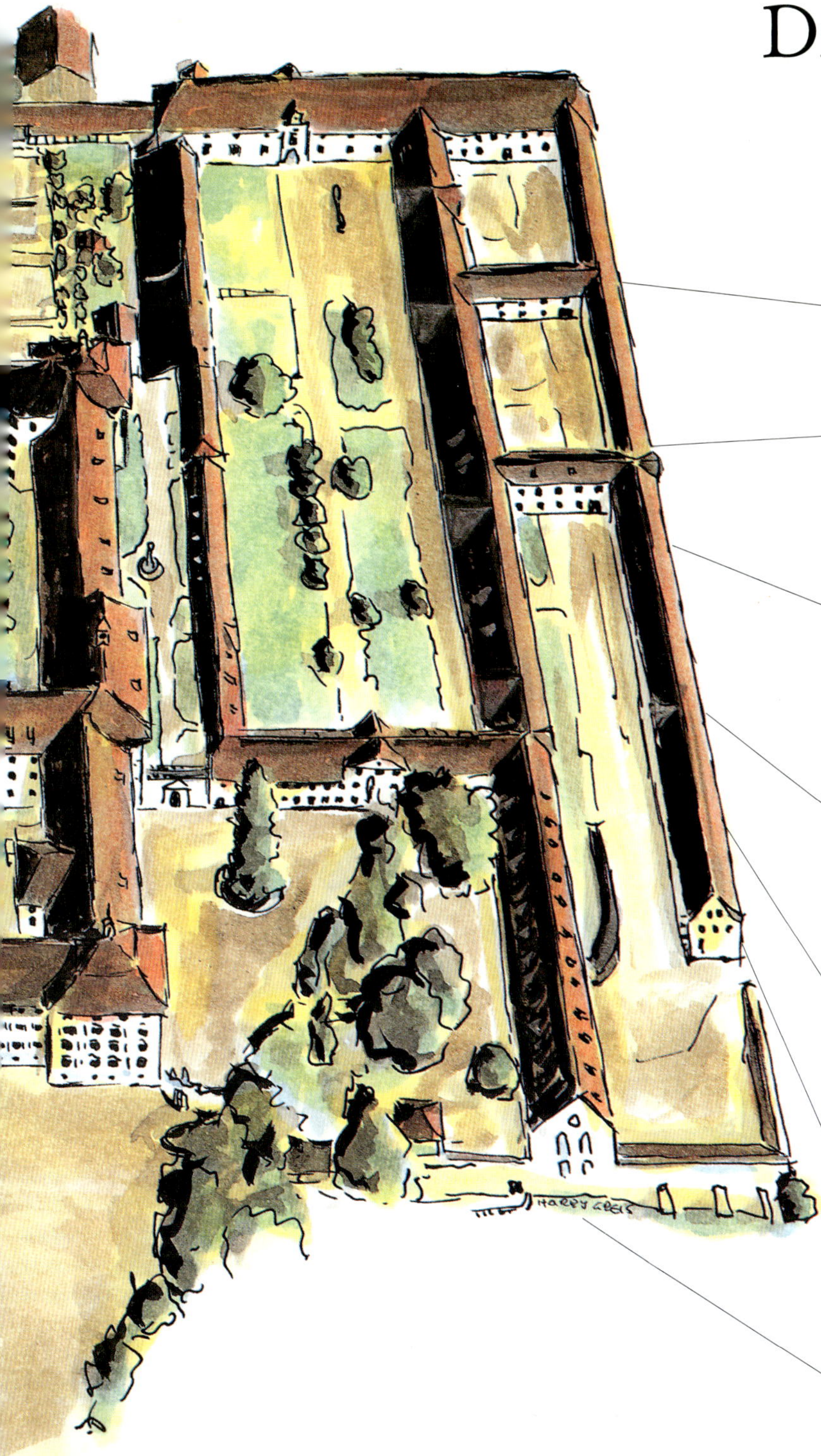

Immer v.l.n.r.: Turnhallen, Theatersaal, Schulzimmer, Gärtnerei, Wandelgang, Totenkapelle, Herrengarten, Reithalle, Marstall, Werkstätten.

Musiksaal, Stiftsschule, Klausurgänge, Bibliothek, Werkstätten.

Stiftsschule, Studentengarten, Fraterstock, Musikbibliothek, Speisesaal des Internates, Fratergarten, Klausurgänge, Kapitelsaal, Werkstätten.

Stiftsschule, Große Bibliothek, Studentengarten. Oberer Chor, Sakristei, Fratergarten, Großer Saal, Krankenstock, Refektorium, Weinkeller, Werkstätten.

Stiftsschule, Studentenkapelle, Magdalenenkapelle bzw. Beichtkirche, Kuppelraum der Kirche, Klosterpforte, Klausurgänge, Statthalterei, Werkstätten.

Stiftsschule, Pfarrgarten, Predigtraum der Kirche, Küchengarten, Hof, Küche, Hofpforte, Hofplatz, Wäscherei, Werkstätten.

Stiftsschule, Pfarramt, Oktogon der Kirche, Hof, Abtei, Hofplatz, Alte Mühle.

Klosterplatz, Arkaden, Fraubrunnen.

Das Tagewerk

5.00 Uhr	**Aufstehen,** Morgentoilette
5.30 Uhr	Die **Matutin** – die erste Hore des Chorgebetes – wird im Oberen Chor gesungen und gebetet. Sie enthält Psalmen und längere Lesungen. An Sonn- und Feiertagen ist sie etwas länger, und der Abt stimmt am Schluß das „Te Deum" an.
6.10 Uhr	Zimmermachen, **Morgenessen.** Wer nicht am Konventamt teilnehmen wird, hat jetzt Gelegenheit, eine Messe zu feiern, oder einer Messe beizuwohnen.
6.50 Uhr	**Betrachtung,** Meditation. Jeder sinnt für sich über ein religiöses Thema nach.
7.30 Uhr	**Laudes** und **Konventamt.** Im Sommer ist das Konventamt erst um 11 Uhr. Dann wird die Laudes für sich gebetet. Sonst ist sie mit der Messe verbunden. Das Konventamt ist die gesungene Meßfeier der ganzen Klostergemeinschaft. Daran nimmt möglichst jeder teil. Es ist der Höhepunkt des Tages. Die Laudes ist das morgendliche Chorgebet.
8.30 Uhr	Jeder geht an seine **Arbeit.** Der eine in den Garten, der andere in die Schneiderei, der dritte ans Lehrerpult und der vierte zu den Kranken.
12.00 Uhr	**Sext.** Das kurze Chorgebet zur Mittagsstunde.
12.10 Uhr	**Mittagessen** und anschließend Freizeit, Kaffee. Während des Essens wird normalerweise aus einem Buch vorgelesen.
13.30 Uhr ca.	Je nach Aufgabe geht jeder wieder an seine **Arbeit.** Wer es zeitlich einrichten kann, darf ein- oder zweimal in der Woche in die Umgebung des Klosters spazieren. Einige treiben auch Sport, joggen oder fahren Velo.
16.00 Uhr	Die **Vesper** ist in Einsiedeln die feierlichste Hore des täglichen Chorgebetes und wird immer lateinisch gesungen. Im Anschluß schreiten die Mönche in Prozession zur Gnadenkapelle und singen das **„Einsiedler Salve Regina"**.
16.40 Uhr	In der **geistlichen Lesung** vertieft sich jeder auf seinem Zimmer in religiöse Schriften – von alten Kirchenvätern bis zu modernen Schriftstellern. Dann wird wieder gearbeitet oder studiert. Es finden in dieser Zeit auch Gesangs- und Musikproben statt, denn die Pflege der Kirchenmusik ist seit jeher eine wichtige Aufgabe des Stifts.
18.30 Uhr	**Nachtessen.** Anschließend kurze **Anbetung** in der Kirche und danach **Freizeit,** die man nach Möglichkeit gemeinsam verbringt.
19.55 Uhr	Im **Kapitelchen** im Kapitelsaal hören die Mönche eine Lesung und denken an die Toten des Klosters.
20.00 Uhr	Mit der **Komplet,** dem Nachtgebet der Kirche, schließt der Kreis des täglichen Chorgebetes. Dann beginnt das **Große Stillschweigen,** das alle bis nach dem Konventamt halten.

* * *

An Sonn- und Feiertagen ist der Tagesablauf gleich, nur enfällt die übliche Arbeit. Dafür wird die Laudes feierlich und lateinisch gesungen, und das Konventamt ist erst um 9.30 Uhr.

* * *

Selbstverständlich gibt es immer auch Situationen und Aufgaben, die einzelnen Mönchen das Einhalten dieses Tagesablaufs unmöglich machen. Da die Stiftsschule einen Stundenplan wie jede andere Schule hat, können einzelne Lehrer nicht am Konventamt oder der Vesper teilnehmen. Präfekten essen nicht in der Gemeinschaft des Konvents, sondern mit ihren Schülern im Internat. Seelsorger haben oft am Abend noch Vereinsarbeit zu leisten, und die meisten Brüder, die in handwerklichen Berufen tätig sind, feiern die Vesper erst nach 18.00 Uhr in der Brüderkapelle.

Seite 37: *Mittagessen im Refektorium.*

HARRY GREY

Das Lob Gottes

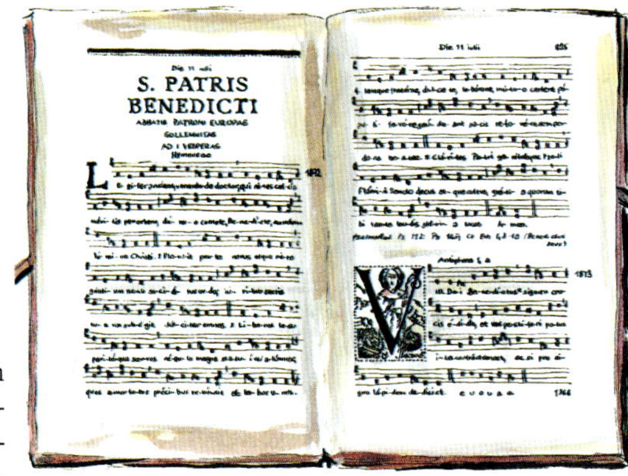

Der heilige Benedikt sorgt in seiner Regel für ein Gleichgewicht von Gebet, Arbeit und geistlicher Lesung, verlangt aber, daß nichts dem Gottesdienst vorgezogen werden dürfe. Für die Mönche eines benediktinischen Klosters sind das gemeinsame Chorgebet und die tägliche Eucharistiefeier ein klarer Auftrag im Dienste der Kirche.

Das Antiphonale mit den lateinischen Gesängen zur Vesper.

Das Chorgebet

Das Chorgebet – auch Stundengebet genannt – umspannt den ganzen Tag und wird in Einsiedeln in fünf Teilen – oder Horen – verrichtet. Die wesentlichen Elemente sind Hymnen, Psalmen, Lesungen und Gebete.

Der Tag beginnt und endet mit dem Chorgebet. In der Frühe verrichten die Mönche im Oberen Chor die Matutin, am Ende des Tagewerkes steht die Komplet – das Nachtgebet der Kirche. In der Mitte des Tages – nach der römischen Zeit zur sechsten Stunde – zieht der Konvent in die Kirche, um die Sext zu beten.

Chorgebet im Oberen Chor. Fünfmal täglich ziehen die Mönche in die Kirche um zu beten, zu singen und Texte aus der heiligen Schrift zu hören.

Rückkehr der Mönche von der Gnadenkapelle, wo sie täglich das vierstimmige Einsiedler „Salve Regina" singen.

Jahrtausendalte Gesänge

Das Chorgebet wird heute in deutscher Sprache gefeiert, mit Ausnahme der Vesper und an Sonntagen auch der Laudes. Diese werden lateinisch als gregorianischer Choral gesungen. Die Mönche des Stifts pflegen die jahrtausendalte, und zum Teil eigene Tradition mit ganz besonderer Hingabe und Sorgfalt. Sie sind bei dieser feierlichen Form geblieben, weil gerade deshalb immer wieder viele Menschen nach Einsiedeln kommen.

Das Einsiedler Salve Regina

Im Anschluß an die Vesper ziehen die Einsiedler Mönche seit vierhundertfünfzig Jahren täglich zur Gnadenkapelle und singen das berühmte, vierstimmige „Einsiedler Salve Regina".

An Sonn- und Feiertagen begleitet die Orgel den Gang zum „Salve". Einmal im Monat und an besonderen Festen wird der Prozession das Kreuz vorangetragen und der Kantor stimmt eine Litanei an. Manchmal tragen die Mönche brennende Kerzen.

Während dem Gang zur Gnadenkapelle läutet die „Salve-Glocke".

Laudes und Vesper

Die Angelpunkte aber sind die Laudes am Morgen und die Vesper gegen Abend. Beide Horen sind ähnlich aufgebaut, mit Hymnus, Psalmen und einem Canticum, einer kurzen Lesung, den Fürbitten und dem „Vaterunser". Die Laudes gipfelt im „Benedictus" und die Vesper im „Magnificat".

Die Vesper steht in Einsiedeln mehr im Mittelpunkt des liturgischen Tages als die Laudes. An Sonn- und Feiertagen leitet sie ein Priester, der von zwei Assistenten begleitet wird, an hohen Festtagen steht ihr der Abt mit Mitra und Stab vor.

Im Konventamt konzelebrieren immer viele Priester. Sie stehen in einem Halbkreis um den Altar, um den sich auch die übrigen Mönche und Gäste des Klosters versammeln. So entsteht ein inniges Gefühl der Gemeinschaft in der Eucharistie.

Choralschola und Mönchschor

Im Konventamt trägt die Choralschola die alten, lateinischen Gradualgesänge vor. An Werktagen singt der Chor eine Choralmesse und an Sonn- und Feiertagen eine mehrstimmige Messe. An ganz hohen Festtagen – aber auch in der Karwoche – stocken Studenten und Studentinnen der Stiftsschule den Mönchschor zum gemischten Chor auf, der einige Male dann sogar Orchestermessen aufführt.

Im Mittelpunkt die Meßfeier

Die Eucharistiefeier ist der Mittelpunkt des ganzen Tages. Wer immer kann, nimmt am Konventamt teil. Jeden Tag im Sommer, und in der übrigen Zeit an Sonn- und Festtagen, feiert eine große Schar von Gläubigen mit. Immer sind viele Pilger da. Die Patres konzelebrieren. Oft nehmen Priester als Gäste an der Meßfeier teil. Manchmal sind auch Bischöfe und Kardinäle anwesend.

Die Choralschola singt die alten Gradualgesänge. Mehrstimmige Messen oder Motetten übernimmt der Mönchschor.

Pfarreigottesdienste

Wie bei der Vesper gilt auch hier, daß viele Menschen eigens wegen den alten gregorianischen Gesängen nach Einsiedeln kommen. Zwischendurch möchten sie wieder einmal etwas anderes hören und singen, als sie es von ihren Pfarrgottesdiensten gewohnt sind. Aber auch diese Form der Gemeinschaftsmesse gibt es in Einsiedeln. Im Angebot der Sonntage stehen vier Pfarrgottesdienste mit Liedern aus dem Kirchengesangsbuch.
Frauen und Männer aus der Pfarrei tragen dann die Lesungen vor und helfen beim Kommunionausteilen.

Jugend- und Pilgermessen

Die Jungen gestalten eigentliche Jugendgottesdienste – auch eine Jugendvesper – in der Unterkirche, in der Studentenkapelle oder im Freien. Dabei singen sie rhythmische Lieder zur Gitarre, zum Klavier oder zum Synthesizer.

Große Pilgerzüge feiern vielfach ihre eigenen Gottesdienste. So ist es möglich, daß in Einsiedeln nicht nur in der deutschen, sondern auch in der französischen, italienischen, englischen oder gar kroatischen Sprache gepredigt, gebetet und gesungen wird.

Und dann sind da die unzähligen Heiligen Messen in der Gnadenkapelle, die für viele Pilger zum tiefen Erlebnis werden.

Die Tischgemeinschaft zur Eucharistiefeier ist erst vollständig, wenn auch das Volk dabei ist. An Sonn- und Feiertagen, besonders aber an hohen Festen, feiern immer viele Menschen mit. Oft kommen auch große Pilgerzüge aus dem In- und Ausland. In Einsiedeln wird in vielen Sprachen gebetet und gesungen.

In Meditation und Betrachtung macht sich der Mönch auf, Gott zu suchen.

Mit Gott allein

„Zeit haben für Gott." So kurz ließe sich die Regel Benedikts zusammenfassen. Neben den gemeinsamen Gottesdiensten ist im Kloster auch Raum gegeben für das persönliche Gebet des Einzelnen, für Betrachtung, Meditation und geistliche Lesung.

Was der Mönch in den Lesungen aufnimmt, läßt er in der Betrachtung oder Meditation in seine Tiefe wirken, wie ein Farbstoff, der in einen Teich geworfen, allmählich das ganze Wasser gleichmäßig einfärbt.

Das Stillschweigen

Dazu ist neben der Bereitschaft, sich zu öffnen und das Wort aufzunehmen, noch etwas notwendig: Stille und Stillschweigen. Im Kloster gilt es von der Komplet bis nach dem Konventamt. Selbstverständlich darf jeder im Zimmer auch arbeiten, oder im Garten spazieren gehen, eine Zeitung lesen oder mit Kopfhörer Musik genießen, aber man spricht nicht miteinander, wahrt die Stille. Auch in der übrigen Zeit wird Stillschweigen gehalten, wo immer es geht, ganz besonders in den Klausurgängen.

Das mag Außenstehenden ungewöhnlich, ja unerträglich erscheinen. Aber die Zeit der Stille ist eine fruchtbare Zeit, in der man auftanken kann – und keiner stört.
Schweigen können ist ein Zeichen innerer Ruhe und Reife. Gerade im Stillschweigen liegt eines der ganz großen Geheimnisse des Mönchtums.

Das Kirchenjahr

So wie das ganze Leben durchzogen ist von Höhen und Tiefen, von Zeiten der Traurigkeit, der Besinnung, der Freude und des Festes, so zieht sich das Kirchenjahr wie ein roter Faden durch den Alltag des Klosterlebens.

Besondere Ruhepole sind die Advents- und Fastenzeit, die als Vorbereitung auf die großen Ereignisse – Weihnachten und Ostern – auch äußerlich den Alltag prägen. In Messe und Chorgebet schweigt dann die Orgel, die frohen Allelujaverse fehlen und in der Fastenzeit macht die Mönchsgemeinschaft geschlossen Exerzitien.

Nach diesen Wochen, in denen auch die Stille und das Stillschweigen ausgedehnt werden, bricht dann der Jubel des Hochfestes in umso größerer Wucht und Freude durch. Weihnachten kommt unmittelbarer, dem Osterfest gehen die ergreifenden Kartage voraus. Die in der Osternacht am Feuer vor der Kirche entzündete Osterkerze brennt dann bis zum Pfingstfest.

Hohe Festtage

Als weitere hohe Feiertage gelten in Einsiedeln Christi Himmelfahrt, Maria Himmelfahrt, das Fest des heiligen Benedikt und ganz besonders die Engelweihe mit der Lichterprozession zur illuminierten Marienkapelle. An Fronleichnam und am Rosenkranzsonntag zieht die ganze Gottesdienstgemeinschaft mit dem Allerheiligsten in Prozession über den Klosterplatz zum Schulhaus, und am Meinradstag wird das Haupt des Heiligen vom Hochaltar zur Gnadenkapelle getragen.

Große Feste im Kirchenjahr setzen auch Schwerpunkte in den persönlichen Alltag. Auf dem Bild die nächtliche Lichterprozession am Engelweihfest, draußen auf dem Klosterplatz, vor der mit tausenden von Kerzen erleuchteten Barockfassade.

Das Bild vom idealen Kloster

„Ora et labora“ – „bete und arbeite“: Kein überliefertes Wort wird so sehr mit Benedikt verbunden, wie dieses. Es enthält sein Programm in knappster Form. Neu zu seiner Zeit war nicht etwa das „bete“ oder „arbeite“, sondern das „*und*“ zwischen den beiden Begriffen.

Der Mönchsvater wollte seine Klöster zu einer selbstversorgenden Oase machen, in der die Mönche allein mit Gott und sich selber sein konnten. Er wollte nicht, daß sie auf Kosten anderer lebten, indem sie betteln gingen. Sie sollten beten – und arbeiten.

Aufwertung der Arbeit

Jede Arbeit, die der Selbstversorgung diente, war somit recht, ob das nun Aufgaben in Haus und Garten, auf dem Feld, im Stall oder in den Werkstätten waren. Man muß bedenken, daß zu jener Zeit nur Sklaven und Menschen niederen Ranges körperlich arbeiteten, und daß die Klöster Benedikts somit wesentlich dazu beitrugen, die Arbeit aufzuwerten. Sie gaben der Handarbeit als Beschäftigung für freie Männer wieder Achtung und Geltung.

Freilich ist mit „labora“ nicht nur reine Handarbeit gemeint: Auch jede Arbeit, die mit dem Kopf getan wird, ist Arbeit im Sinne Benedikts.

Idee der Selbstversorgung

Die Idee der Selbstversorgung drang allerdings nie ganz durch. Auch der sogenannte St. Galler Klosterplan, den der Mönch Haito auf der Insel Reichenau etwa im Jahre 820 für das St. Galler Kloster aufgestellt hatte, vergilbte in den Schubladen. Er war und blieb ein Wunschtraum.

Rekonstruktion nach dem St. Galler Klosterplan. Die einzelnen Gebäude gruppieren sich eng um Kirche und Kreuzgang. Ein Vergleich mit der Einsiedler Anlage auf Seite 34 zeigt Ähnlichkeiten.

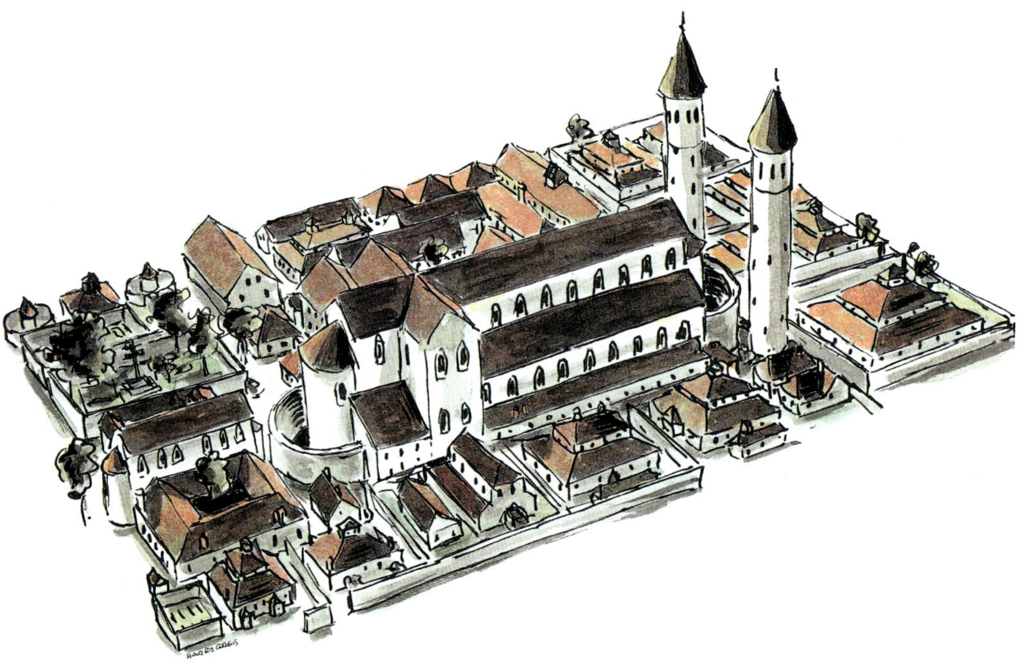

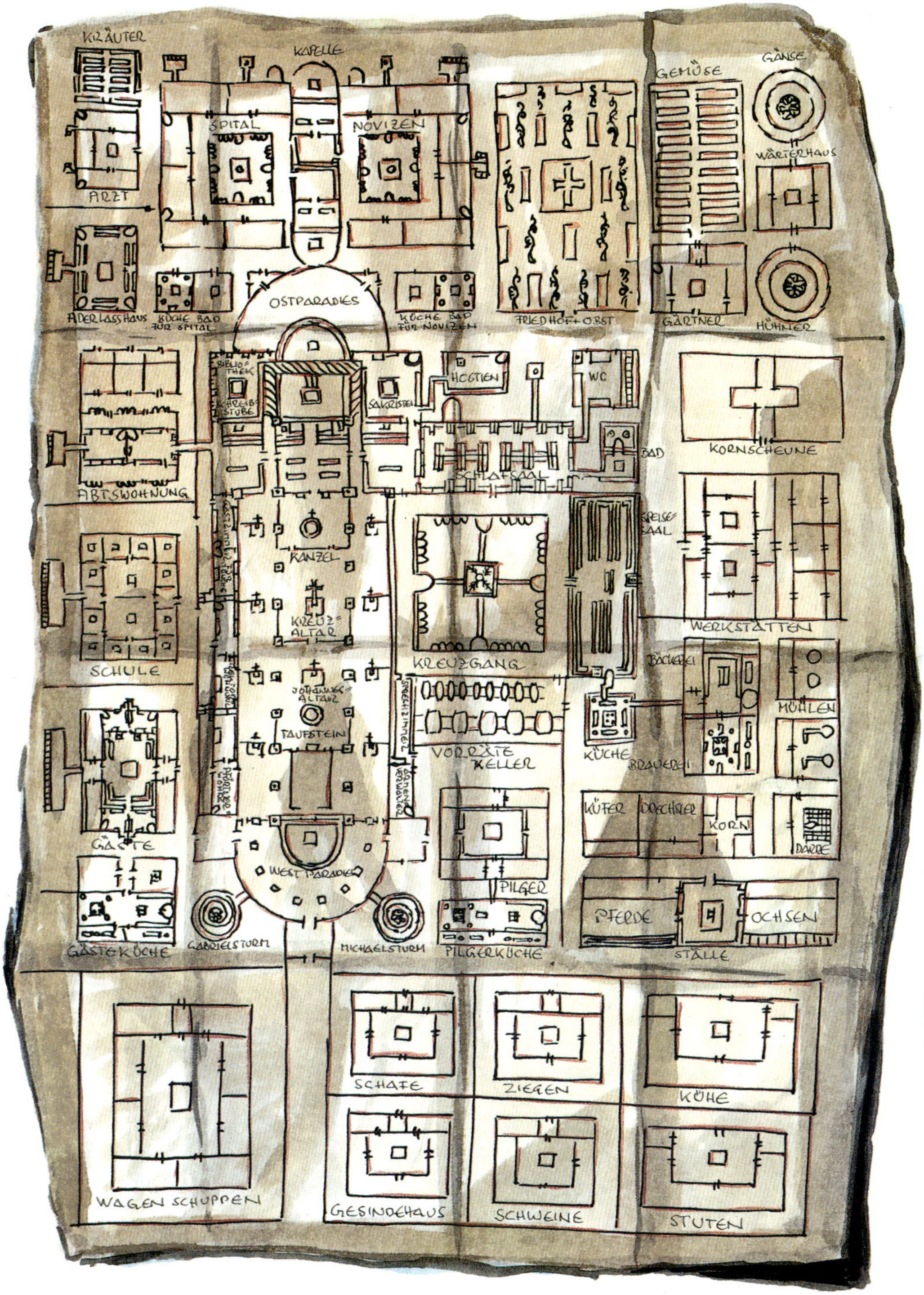

Der St. Galler Klosterplan aus dem Jahre 820 liegt im Original noch heute in der St. Galler Stiftsbibliothek. Dank diesem Plan wissen wir viel über die damalige Idealvorstellung eines Klosters.

Rekonstruktion mit Aufschnitt: Links Vorratsräume, Weinkeller, Mitte Kreuzgang mit Bänken für das Kapitel, vorne Refektorium, rechts Schlafsaal.
(Nach Horn/Born)

Der St. Galler Klosterplan

Der Plan zeigt auf, was ein Kloster damals gebraucht hätte, um wirklich unabhängig zu sein. Für alles hatte Haito Werkstätten und Einrichtungen vorgesehen neben landwirtschaftlichen Gebäuden, Ställen, Geflügelhöfen und den Unterkünften des Gesindes. Weiter enthält der Plan eine Schule, ein Krankenzimmer, sogar eine Wohnung für den Arzt; mehrere Küchen, eine Brauerei, Bäckerei – nichts fehlt.

Mittendrin sollte die große Kirche mit ihren beiden Türmen stehen, anstoßend der Kreuzgang und die Räume der Mönchsgemeinschaft – und alles umschlossen von einer riesigen Klostermauer.

Zimmer statt Schlafsaal

Während der St. Galler Klosterplan noch einen riesigen Schlafsaal für die Mönche vorsieht, kennt schon das barocke Stift nur noch das Einzelzimmer. Diese Zelle der Privatsphäre ist wichtig, denn auch das Kloster bleibt von Betrieb und Geschäftigkeit nicht ganz verschont. Wenn es auch nur vier kleine Wände sind, so darf jeder darin doch seinen ganz persönlichen Geschmack verwirklichen.

Barock wollte Idee verwirklichen

Auch in Einsiedeln entsprach das Kloster kaum diesem Idealbild. Mit der Planung des barocken Neubaus aber kam die Idee, das vollkommene Kloster zu errichten, wieder auf. Es sollte eine Anlage entstehen, die alle Arbeitsstätten innerhalb seiner Mauern enthielt. So erstrecken sich auf der Ost- und Südseite mehrere Reihen Gebäulichkeiten mit verschiedenen Werkstätten, der Gärtnerei, Verwaltung, Pferdezucht und Landwirtschaft. Im Hauptgebäude befindet sich die Kellerei, die Küche, die Schneiderei. Für die Schule dient praktisch der ganze Nordflügel.

Doch ohne Außenwelt geht's nicht

Im Mittelalter hätte das vielleicht ausgereicht, aber für unsere Verhältnisse ist auch diese Anlage nicht vollkommen: ohne die Außenwelt geht es nicht.

Das Kloster ist auf Lieferungen von auswärts angewiesen. Das beginnt schon im Lebensmittelbereich: Eine eigene Metzgerei gibt es nicht mehr. Produkte wie beispielsweise Teigwaren oder Suppen sind billiger und einfacher aus dem Handel zu beziehen. Dann ruft das moderne Leben nach Einrichtungen wie Computern, Elektronik, Maschinen – es braucht Werkzeuge, Autos, Bücher, Tonträger und so vieles mehr, das nicht im Kloster herstellbar ist.

Der Abt und das Kapitel

Der Abt ist nicht nur, wie der Name sagt, „Vater" der Mönchsgemeinschaft, er ist auch der oberste Chef des riesigen Betriebes. Ihm sind einige Mönche direkt unterstellt. So sein Stellvertreter, der Dekan, welcher die Dienste innerhalb des Klosters organisiert, dann der Subprior, der Novizenmeister, der die Neueintretenden während den ersten Jahren begleitet, der Statthalter, der Zellerar, der Kustos und der Rektor mit den Präfekten der Stiftsschule.

Dem Abt sind auch Aufgaben außerhalb des Klosters aufgegeben. So ist er Mitglied der Schweizer Bischofskonferenz, welche die Geschicke der katholischen Kirche in der Schweiz leitet. Dann wird er oft gebeten, in Pfarreien die Firmung zu spenden oder eine Kapelle einzuweihen und schließlich ist er Mitglied verschiedener Kommissionen.

Rat und Kapitel

Für die klostereigenen Angelegenheiten hat der Abt ein Consilium, einen Rat, zur Seite, und für ganz wichtige Beschlüsse ruft er das Kapitel – die Vollversammlung aller Mönche mit ewigen Gelübden – zusammen. Das Kapitel befindet zum Beispiel über die Aufnahme eines Novizen, über große Ausgaben oder Übernahme neuer Arbeitsgebiete. Wenn ein Abt gewählt werden muß, so ist es die Aufgabe der Kapitularen, zur Wahl zu schreiten und aus ihrer Mitte den Würdigsten zu bestimmen.

Die Klostergemeinschaft im Kapitelsaal. Regelmäßig kommen die Kapitularen – die stimmberechtigten Mönche – unter dem Vorsitz des Abtes zusammen, um Beschlüsse zu fassen.

Buchbinder

Über sechzig Berufe

Akademiker

Gewöhnlich sind nach außen nur drei Zweige der Klostertätigkeit sichtbar: Die Schule, die Wallfahrt und die Seelsorge. Aber das ist noch lange nicht alles. Im Kloster werden mehr als sechzig Berufe ausgeübt. Rund 150 Angestellte arbeiten – neben den eigenen Mönchen – vor allem in den handwerklichen und landwirtschaftlichen Abteilungen. Daß zum Beispiel im Stift seit Jahrhunderten Pferde gezüchtet werden, wissen zwar manche Leute, daß aber die Klostergärtnerei neben der Produktion von Gemüse und Blumen für den eigenen Bedarf die Geranien für die meisten Häuser in und um Einsiedeln liefert, ist nur Einheimischen bekannt.

Wald, Feld und Weinberg

Die großen Waldflächen am Friherrenberg, unmittelbar hinter dem Kloster, werden von Forstleuten bewirtschaftet. Winzer pflegen die Klosterreben in der „Leutschen“ bei Pfäffikon am Zürichsee. Ebenso braucht die Landwirtschaft das nötige Fachpersonal. Die meisten landwirtschaftlichen Betriebe des Klosters sind allerdings an Bauernfamilien verpachtet.

Reben allein nützen nichts, wenn die Trauben nicht zu Wein gekeltert und sorgfältig gelagert werden. Im Klosterkeller arbeiten mehrere Mönche und sorgen dafür, daß immer reelle Getränke auf den Tisch kommen. Sie verkaufen aber auch Wein an Gasthäuser und Privatkunden.

Schneider

Für's leibliche Wohl

Die Kost im Kloster ist einfach, aber schmackhaft zubereitet. Dazu dient die Großküche, welche nicht nur für die Mönchsgemeinschaft und eine Anzahl Angestellte und Gäste kocht, sondern auch die hungrigen Mäuler der Stiftsschüler befriedigen muß. Am Morgen duftet es aus der Bäckerei nach frischem Brot. Eine spezielle Rüsterei besorgt die Vorbereitung von Gemüse und Kartoffeln.

Für den ganzen Ablauf im Verpflegungssektor ist der Zellerar – man nennt ihn auch Küchenmeister – verantwortlich. Ihm unterstehen die Vorratskammern, und er kauft alle Eßwaren ein.

Die inneren Dienste

Dann gibt's, wie in jedem Haushalt, interne Arbeiten: Da decken Brüder den Tisch im Refektorium, andere besorgen die Gemeinschaftsräume, halten die Gänge und Treppenhäuser sauber, besorgen die Heizung oder sind am „Hof“ tätig. Die Post muß besorgt werden, ebenso die Telefonzentrale. An der Klosterpforte läutet häufig das Glöcklein.

Drucker

Wer krank ist oder sich unwohl fühlt, kann zum Krankenbruder gehen. Der Gastpater kümmert sich um das Wohl der Gäste. Sollte im Haus einmal ein Brand ausbrechen, sorgt der Kommandant der Klosterfeuerwehr und seine hauptsächlich aus Mönchen bestehende Mannschaft dafür, daß das Feuer so schnell wie möglich gelöscht wird.

Forstarbeiter

Kirche und Sakristei

Für den reibungslosen Ablauf der vielen Gottesdienste in der Kirche und der Gnadenkapelle sind die Sakristane und Ordner zuständig. Kommen Pilgerzüge, tritt der Wallfahrtspater in Aktion. Die liturgischen Formen stehen unter der Leitung des Zeremoniars. Die Organisten und Kantoren, der Kapellmeister und der Choralmagister pflegen die in Einsiedeln so wichtige Kirchenmusik.

Der Kustos und seine Leute sind für den Unterhalt der Kirche, für die Restaurierung, die Geräte und Einrichtungen verantwortlich.

Bücher und Archive

Andere Mönche besorgen die riesige Bibliothek, reihen Bücher ein, schreiben Karteien und kaufen neue Werke dazu. Der Archivar hält nicht nur die Dossiers in Ordnung, er führt auch ständig die Chronik, damit spätere Generationen genau so gut Bescheid wissen wie wir. Dann gibt's Redaktoren für eigene Zeitschriften, aber auch für die öffentlichen Medien. Ein Pater bedient die Tonbildschau in der „Alten Mühle" und verkauft dort Bücher, Kerzen und Andachtsgegenstände.

Archivar

Verwaltung und Handwerksbetriebe

Selbstverständlich braucht auch ein Kloster Buchhalter samt Computern, Verweser der Kassen und schließlich Statthalter, denen verschiedene Arbeitsbereiche unterstehen. So zum Beispiel die Werkstätten der Mechaniker, Maler, Schreiner, Sattler, Elektriker und die Sägerei.

In der Buchdruckerei – die heute freilich nicht mehr die Größe hat wie vor dem Franzoseneinfall – werden kleinere Schriften und Broschüren gedruckt. Die Buchbinder fassen nicht nur Neues in feinlederne Buchdeckel, sie

Steinmetz

reparieren vor allem die kostbaren, alten, auf Pergament geschriebenen Handschriften aus der Stiftsbibliothek.

Haus und Kleidung

Auch die Installationen muß jemand ständig überwachen, reparieren und erneuern – schließlich gibt es im und um das Kloster kilometerlange Leitungen. Auf den zahlreichen Giebeln turnt der Dachdecker und sorgt dafür, daß es nicht hineinregnet, während gleich unter dem Dach in der Schneiderstube Brüder an Nähmaschinen sitzen und Kutten für die Mönche schneidern. Und dann sind da noch die „Guten Seelen“, welche die schmutzigen Kleider waschen und bügeln.

Lehrer und Pfarrer

Der größte Teil der Patres ist an der Stiftsschule oder in der Seelsorge tätig, manche sind auf Außenposten – einer ist Bischof. Neben der Lehrtätigkeit für die hauseigene Hochschule dozieren Patres an Universitäten und Schulen außerhalb des Klosters, ja sogar im Ausland. Einige wirken in verschiedenen Gremien mit.

Kein Pensionierungsalter

Im Kloster gibt es kein Pensionierungsalter mit Fünfundsechzig – jeder tut seine Aufgabe, solange er kann. Wenn ihm die Arbeit eines Tages zu schwer wird, erhält er eine einfachere, kleinere Aufgabe. Keiner muß denken, er werde nicht mehr gebraucht.

Gärtner

Ein endloser Strom von Pilgern

Immer schon zogen Pilger zu gesegneten Orten, zu Heiligtümern, zu Grabstätten, zu Gnadenbildern oder auch zu noch lebenden, weisen und verehrungswürdigen Menschen. Schon im frühen Christentum reisten Wallfahrer von überall her zu den Stätten, wo Jesus und seine Jünger gewirkt hatten: Ins Heilige Land, nach Rom oder nach Santiago de Compostela in Spanien, wo nach der Legende der heilige Jakobus begraben sein soll.

Unterwegs auf Pilgerwegen

Es entstanden schier endlose Pilgerstraßen, auf denen die Menschen dahinzogen, um ihre Sorgen und Nöte am Gnadenort niederzulegen, aber auch um Dank zu sagen und Sühne zu leisten. Manchmal taten sie es in der großen Hoffnung auf Heilung, manchmal um ein Gelübde einzulösen, das Erhörung gefunden hatte.

Entlang der großen Pilgerstraßen entstanden nach und nach weitere Wallfahrtsorte. Vielfach wurden dort Reliquien eines Heiligen aufbewahrt, oder Künstler schufen sein Abbild, das dort verehrt wurde.

Sie kamen schon zu Meinrad

Einsiedeln wurde aus verschiedenen Gründen zum Wallfahrtsort: Zunächst fanden ja schon unzählige Leute den Weg zum Eremiten Meinrad und der Ort blieb auch nach seinem Tod im Gedächtnis vieler, sonst hätten Benno und seine Gefährten kaum den Weg dorthin ge-

Wallfahrten der Kinder aus der Umgebung von Einsiedeln gehören zum Jahresprogramm verschiedener Pfarrgemeinden. Auf dem Bild die Schüler von Bennau.

Die Bittgänge

Im Mittelalter kamen die Kreuz- und Bittgänge auf. Ganze Dörfer, Städte oder Talschaften machten sich gemeinsam auf, um mit Kreuz und Fahne betend zu „Unserer Lieben Frau im Finstern Wald" zu pilgern. Allerdings hatten dabei nicht immer alle die frömmsten Absichten. In einem Klagebuch in Schwyz werden ein paar Kerle beschuldigt, bei der Kreuzfahrt das Opfergeld vom Altar gestohlen und beim Wein vertrunken zu haben.

Standeswallfahrten

Die Landes- oder Standeswallfahrten finden noch heute statt. Die katholischen Kan-

sucht, um eine neue Einsiedelei zu gründen und die Kapelle wieder aufzubauen. Der Ursprung findet sich also in der Kapelle Meinrads.

Zudem lag der Ort nicht fern der Pilgerstraßen nach Rom und Santiago de Compostela. Später führte der „Obere Pilgerweg" direkt über Einsiedeln.

Ein Marienheiligtum

Dann wurde der Ort zum Marienheiligtum und die Meinradskapelle durch die Engelweihlegende zur Gnadenkapelle. Wann dieser Wechsel stattfand, weiß man nicht, aber im Jahre 1286 wurde die Kapelle in einer Urkunde bereits als Marienkapelle bezeichnet. Den Tag der Engelweihe, den 14. September, feiern die Einsiedler seit jeher mit großer Festlichkeit.

Wallfahrt war beschwerlich

Die Wallfahrt war damals keine leichte Sache. Oft mußten gefährliche Wege benützt werden, da und dort lauerten Wegelagerer auf Beute oder geldgierige Wirte hauten arme Pilger über's Ohr. So wurden Gesetze und Schutzbriefe geschaffen, die den Wallfahrern einen besonderen Status verliehen. Auch waren sie an den Kleidern zu erkennen.

Viele Pilger trinken Wasser vom Fraubrunnen wenn sie zum Kloster kommen. Nach der Überlieferung soll hier zur Zeit Meinrads eine Quelle gesprudelt haben.

Jugendliche machen Rast auf der Treppe vor der Stiftskirche. Sie kommen heute wieder vermehrt auch zu Fuß oder mit dem Velo. Schulklassen machen Ausflüge nach Einsiedeln, Erstkommunikanten, Firmlinge, Konfirmanden, Ministranten, Jugendgruppen wie Pfadfinder, Jungwacht, Blauring.

tone ziehen regelmäßig einmal im Jahr samt der Regierung und dem Weibel an der Spitze ins Marienheiligtum. Aus den anderen Kantonen kommen die Wallfahrer mit ihren Pfarrherren. Der Pilgerzug der Stadt Zürich, immer am Pfingstmontag, geht auf das Pestjahr 1351 zurück. Bei diesen Standeswallfahrten werden dicke, wappengeschmückte Kerzen mitgebracht.

Bußfahrten

Früher gab es sogenannte Strafwallfahrten. Weltliche Gerichte verurteilten Übeltäter zu Bußfahrten, oft barfuß, manchmal mit ausgestreckten Armen oder gar auf den Knien. Solche Strafwallfahrten verhängten die Richter in der Schweiz und in Süddeutschland gerne nach Einsiedeln. Da es aber den Verurteilten erlaubt war, eine Vertretung mit der Bußfahrt zu beauftragen, schickten reiche Leute meist andere. So gab es richtige Profi-Wallfahrer, die ständig für irgend einen Sünder nach festem Tarif auf Pilgerschaft waren.

Zu Fuß und per Flugzeug

Der endlose Strom der Pilger brach auch in den schlechten Zeiten des Klosters nie ab. Fehlten Mönche, betreuten Kapläne die Wallfahrer. Die

Am Bettag pilgern besonders viele Gruppen ins Klosterdorf. Dabei haben auch die Reiter ihre Tradition und treffen sich auf dem Klosterplatz zu einem kurzen Gottesdienst. Dann spielt eine berittene Musikkapelle. Nachher geht's zur Verpflegung von Roß und Reiter zum Marstall.

Eindrücklich ist der Einsiedler Krankentag. An einem Tag im August reist eine große Zahl von kranken und alten Menschen zur Schwarzen Madonna, um zu beten und Trost zu suchen. Während der Eucharistiefeier wird ihnen die Krankensalbung gespendet.

Menschen kamen zu Fuß, per Schiff, zu Pferd, auf Wagen.

Dann baute man die Eisenbahn und sie brachte die großen Gruppen ins Klosterdorf – manchmal in Sonderzügen. Mit dem Auto und den Reisebussen kamen die Tageswallfahrten auf. Im Flugzeug reisen Pilger aus Übersee an.

Hunderttausende besuchen jährlich den Gnadenort in Einsiedeln. Oft bleiben die Leute mehrere Tage.

Einkehr und Ruhe suchen

Auch nichtkatholische Pilger finden heute, im Zeichen der Ökumene, den Weg nach Einsiedeln; junge Menschen auch, Firmlinge, Konfirmanden, Schüler, Studenten und nicht zuletzt einfach Menschen, die in der Hektik unserer Zeit wieder einen Ruhepunkt suchen und auftanken wollen.

Sportler, Wanderer, Touristen

Durch die modernen Verkehrsmittel hält die Wallfahrt heute das ganze Jahr an, auch im Winter. Gerade Wintersportler machen gern den kurzen Abstecher zur Muttergottes. Sie nehmen an einer frühen oder späten Messe, dem Konventamt oder der Vesper der Mönche teil. Das gleiche tun Wanderer vom Frühling bis zum Herbst.

Selbstverständlich ist es manchmal schwer, zwischen Pilgern und Touristen zu unterscheiden. Das prachtvolle Barockbauwerk lädt eben auch zum Schauen ein. Es schadet nicht, solange die Weihe des Ortes oder der Gottesdienst nicht gestört wird; und gerade an einem Ort wie Einsiedeln werden Menschen oft nachdenklich, ohne daß sie das beabsichtigt hätten. Sie gehen weg, ergriffen – etwas bleibt hängen. Auch das ist Gnade.

Die Stiftsschule

Von Anfang an lebten jugendliche Schüler in den Benediktinerklöstern. Benedikt widmet der Erziehung der Kinder, Knaben und Jünglinge mehrere Kapitel seiner Regel. Die damalige Ausbildung umfaßte Sprachen, Philosophie, Redekunst und Gesang. Diese Schüler waren entweder Mönche im Knabenalter, oder sie wurden auf das Mönchtum hin erzogen. Es gab aber auch Klöster, die Buben unterrichteten, welche ihre Laufbahn in der Welt, als Priester oder Laien sahen. Karl der Große befahl im Jahre 787, in allen Klöstern und Kathedralen solche Schulen einzurichten. Vor allem die Reichsklöster kamen diesem Befehl nach.

Die Verbindung von Kloster und Schule, von Mönchtum und Erziehung hat sich für die Kirche, für das Abendland und für die christliche Bevölkerung der ganzen Welt bis heute als sehr fruchtbar erwiesen.

Schüler und Sänger

Im Einsiedler Stift lebten immer auch Knaben in der Klostergemeinschaft, die Mönche waren oder solche werden wollten. Spätestens aus der Zeit nach der Reformation weiß man, daß daneben rund 25 Schüler, die nicht Kandidaten waren, in den „klassischen Fächern“ ausgebildet wurden. Die Buben vor dem Stimmbruch sangen im Chor die Sopran- und Altstimmen.

Schüler und Schülerinnen auf dem Weg zur Schule im Gang des Gymnasiums. Etwa 360 Jugendliche genießen die Mittelschulbildung mit Maturaabschluß. Rund 120 können im Internat wohnen.

Zur größeren Stiftsschule wuchs das Gymnasium aber erst nach dem Sonderbundskrieg um 1848, als die Katholiken der Schweiz – in die Ecke gedrängt – enorme Eigendynamik entwickelten und vor allem nach katholischen Mittelschulen riefen. Das Internat bot nun Platz für hundert Studenten, dazu kamen externe Schüler.

Gesang war immer eng mit der Schule verbunden. Früher stellten die Buben vor dem Stimmbruch als „Kleine Sänger" die Oberstimmen für den Gemischten Chor. Heute kommt der Stimmbruch früher, dafür besuchen auch Mädchen die Stiftsschule. So ist der Chor – wenigstens für Festtage – weiterhin gesichert.

Leistungsfähiges Gymnasium

Heute ist die Stiftsschule ein siebenjähriges Gymnasium mit Maturaabschluß. Eine große Anzahl Klostermitglieder und viele Laien arbeiten als Lehrer. Etwa 360 Jugendliche genießen diese Mittelschulbildung. Das Internat kann rund 120 Buben aufnehmen, die von überall her kommen. Das Externat, zu dem auch Mädchen zugelassen sind, rekrutiert sich hauptsächlich aus der Umgebung von Einsiedeln.

Da sich der Kanton Schwyz finanziell beteiligt, hat das Gymnasium den Status einer Kantonsschule.

Menschliche Begegnung

Die Mönche, welche als Lehrer vorgesehen sind, werden an Universitäten und Hochschulen auf diesen Beruf vorbereitet. Der Rektor und die Präfekten sind ausschließlich Mitglieder des Klosters und geben neben ihrer Aufgabe auch Unterricht.

Gerade da liegt ein Vorteil der Klosterschule. Die menschliche Begegnung von Schülern und Lehrern ist hier in einem größeren Maß möglich, als an öffentlichen Schulen. Ein gutes Klima und das religiöse Umfeld – das aber keinem Schüler aufgezwungen wird – sind wichtig im Leben von Heranwachsenden.

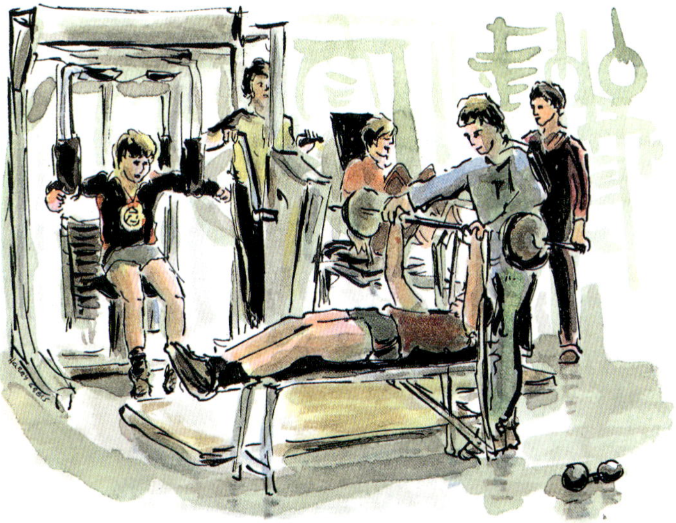

Eine Schule muß mit der Zeit gehen. So hat die Stiftsschule heute auch moderne Einrichtungen wie Sprachlabor, Videoanlagen, Computer oder diesen Kraftraum.

Die Seelsorge

Um Mönch zu sein, ist das Priestertum nicht notwendig. Der heilige Benedikt war auch als Abt seines Klosters nicht Priester. In seiner Regel hat er aber vorgesehen, daß einige Mönche zu Priestern geweiht werden. Es ging ihm zunächst um die Feier der Liturgie innerhalb des Klosters. Die Missions- und Seelsorgetätigkeit ließ die Zahl der Priestermönche aber im Laufe der Zeit ansteigen.

Jeder macht Seelsorge

In Einsiedeln kommen die Patres zu regelmäßiger oder gelegentlicher Seelsorgetätigkeit: Da sind einmal die Stiftsschüler, dann auch Gäste, die betreut werden. Dann heißt es, manchmal stundenlang in dem Beichtstuhl zu sitzen oder auf die Kanzel zu steigen. Oft benützen Menschen, im Bedürfnis, mit einem Priester zu sprechen, das Telefon und wählen die Nummer des Klosters. An Sonn- und Feiertagen reisen Patres zu Aushilfen in andere Pfarreien.

Nicht zuletzt ist auch die gegenseitige Sorge um die Mitbrüder und die Obhut der Novizen eine pastorale Tätigkeit und auch die Brüder an der Pforte, die oft Not und Leid geduldig anhören, machen mit ihrer Arbeit Seelsorge.

Pfarreiseelsorge

Eine ganze Anzahl Priester aber ist ausschließlich für die Seelsorge freigestellt. Allein schon Einsiedeln ist eine Großpfarrei mit sieben Filialkirchen in der Umgebung. Am Zürichsee liegen die Pfarreien Freienbach und Pfäffikon mit wiederum vier von Einsiedler Patres betreuten Filialkirchen – ferner die Pfarreien Eschenz, Mammern und Klingenzell im Kanton Thurgau und Feusisberg im Kanton Schwyz sowie in Vorarlberg St. Gerold, Schnifis und Blons.

Spirituale und Spezialseelsorge

Neben diesen Pfarreiseelsorgern wirken Patres als Spirituale – als geistliche Betreuer – in Benediktinerinnenklöstern. Dazu kommt Spezialseelsorge. So betreut etwa ein Pater die Spanier und Portugiesen, ein anderer die Italiener. Wieder andere geben regelmäßig Schulungskurse, Exerzitien, Volksmissionen und Erwachsenenbildung.

Pfarreiseelsorger müssen immer auch an unzähligen Sitzungen teilnehmen.

Reformierte Pfarreien unter dem Krummstab

Trotz der Reformation blieb eine ganze Anzahl reformierter Pfarreien am Zürichseeufer – so etwa Meilen, Stäfa, Hombrechtikon, Männedorf – noch lange Zeit dem Abt von Einsiedeln unterstellt. Mußte ein Pfarrer neu installiert werden, schlug die Regierung von Zürich dem Abt drei Namen vor, von denen er einen auswählte. Der neue reformierte Pfarrer kam dann nach Einsiedeln und legte vor dem Abt das Versprechen ab, ein guter Pfarrer zu sein. Dann gab's ein Mittagessen am Hof des Abtes. Auch wenn der reformierte Pfarrer etwas brauchte, wie zum Beispiel Brennholz, mußte er dafür in Einsiedeln vorsprechen.

In der Beichtkirche.

Jugendseelsorge

Mönche an den Stehpulten in einem mittelalterlichen Skriptorium. Sie beschreiben Pergamentblätter mit dem Federkiel.

Kein Kloster ohne Bücher

Die Romantik des Bücherkopierens von Hand geht den heutigen Klöstern ab. Dafür sind die Mittel moderner und schneller.

In der Schreibstube des Klosters im „Finstern Wald" herrscht Stille. Nur ab und zu kratzt eine Schreibfeder auf dem Pergament. Durch die schmalen Fensterchen dringt fahles Abendlicht. Es ist bald Zeit zur Vesper. Der Mönch Frowin geht zum letzten Mal an diesem Tag an den in Reih und Glied aufgestellten Schreibpulten vorbei und prüft die Arbeit seiner Mitbrüder. Keiner schaut auf, wenn sein strenger Blick den bleichen Bogen streift, auf dem sich langsam aber stetig Buchstabe an Buchstabe, Zeile an Zeile reiht.

Zwischendurch spitzt einer den Federkiel mit einem scharfen Messer, taucht ihn erneut ins Tintenfaß und setzt seine Arbeit fort, immer mit derselben monotonen Bewegung. Im hinteren Teil des Raumes hantieren andere Mönche mit feinsten Pinseln, Farbe und Gold. Sie malen prachtvolle Initialen und Ornamente neben oder über die gestochen scharfen Schriftzüge der Scriptoren.

Wir befinden uns im Mittelalter, um's Jahr 1130. Noch ist die Druckkunst nicht erfunden. Trotzdem entstehen seit Jahrhunderten Bücher – stetig von Hand abgeschrieben, immer und immer wieder von fleißigen Mönchen in ihren Schreibstuben gefertigt.

Lesen, ein Auftrag Benedikts

Benedikt wies seine Mitbrüder an, neben beten und arbeiten auch täglich zu lesen. Die Kirche ihrerseits drängte, die Bibel zu verbreiten. So schrieben Mönche immer wieder die heiligen Texte. Dann nahmen sie andere religiöse Schriften dazu: Theologische Werke, die Lehren der Kirchenväter, auch Meß- und Gesangsbücher, die allerdings noch keine Noten enthielten – diese sollten erst später erfunden werden, ebenfalls in einem Benediktinerkloster. Schließlich kopierten die Söhne Benedikts ständig die Regel ihres Meisters, um sie weiterzugeben.

Ein Benediktinerkloster ohne Bibliothek und ein Mönch ohne seine Bücher sind undenkbar.

Dann kam antikes Schriftgut dazu, mit etwelchen Bedenken zunächst, da es sich um heidnische Texte handelte. Aber die klassischen Schriften der Dichtung und der Philosophie waren notwendig, um eine korrekte lateinische Sprache aufrecht zu erhalten. Latein war die gebräuchliche Schrift- und Amtssprache.

Ein prachtvolles Antiphonale aus Pergament.

Bücher wurden gesammelt

So enstanden die Bibliotheken in den Klöstern. Einsiedeln besitzt heute noch Handschriften aus seiner Anfangszeit. Allerdings haben verschiedene Klosterbrände und der Franzoseneinfall wertvolles Schriftgut vernichtet.

Als Johannes Gutenberg im 15. Jahrhundert die Buchdruckerkunst erfand, verschwanden die Schreibstuben nach und nach. Die Einsiedler Benediktiner richteten sich aber erst 1664 eine leistungsfähige Buchdruckerei ein. Bedeutende Bücher und Schriften verließen dort die Druckpresse.

Die Stiftsbibliothek

Die barocke Stiftsbibliothek. In ihr stehen hauptsächlich Bücher aus dem 16. bis 19. Jahrhundert.

Im Laufe der Jahrhunderte hat sich in Einsiedeln eine beachtliche Zahl von Büchern angesammelt. Schon die alte Bibliothek brauchte ein ganzes Haus für sich allein. Im barocken Neubau kam sie in den Nordflügel.

Als die Franzosen 1789 das Kloster plünderten, räumten sie die Bibliothek vollständig aus. Tausende von Büchern schickten sie nach Zürich, wo sie zum Grundstock für eine Zentralbibliothek der soeben diktierten Helvetischen Republik werden sollten. Die Soldaten allerdings hatten wenig Gespür für den Wert der Bücher. Blieb ein Ochsenkarren im Dreck stecken, legten sie selbst kostbare Handschriften kurzerhand unter die Räder, um dem Gespann wieder aus dem Morast zu helfen. Die Druckerei räumten sie ebenfalls aus und verkauften die Pressen zu Schundpreisen.

Als Altpapier vernichtet

Etwa zwei Zentner Bücher – vor allem solche über das mönchische Leben – betrachteten die neuen Besitzer als vollkommen wertlos und ließen

In der Professorenbibliothek finden sich Lexika und Zeitschriften.

sie von einem Altpapierhändler einstampfen. Nun, die Helvetische Republik währte nicht lange, und so war auch die Zentralbibliothek zunächst einmal überflüssig. Die Bücher lagen dann im Zürcher Salzlager, später in der Wasserkirche, bis sie schließlich wieder – dank Vermittlungen – ins Einsiedler Stift zurückkamen.

Bibliothek wieder ausgebaut

Die alte Druckerei wurde nicht wieder eingerichtet, wohl aber die Bibliothek. Im barocken Raum – der sogenannten „Großen Bibliothek" – befinden sich heute hauptsächlich Bücher aus der Zeit vom Frühbarock bis zum Rokoko. Die 1300 noch vorhandenen Handschriften und die 1100 sogenannten Wiegendrucke – sie heißen so, weil sie aus der Wiegenzeit, also der Anfangszeit der Buchdruckerkunst stammen – sind in einer Art Tresorraum verschlossen. Alle neuen und neuesten Bücher sind in Gestellen im Dachstock der Klausur eingereiht.

Platz hätten sie in der „Großen Bibliothek" schon lange nicht mehr: Das Stift Einsiedeln besitzt heute – die Schulbibliothek nicht mitgezählt – rund 160.000 Werke.

Die Musikbibliothek

Daneben befindet sich im Kloster die größte private Musikbibliothek der Schweiz mit 34.000 Titeln in Noten. Dreitausend davon sind Handschriften aus der Zeit zwischen 1600 und 1800, darunter auch eine von Mozart. Eine ganze Anzahl sind alte Drucke aus derselben Zeit, hauptsächlich aus Oberitalien. Eine Kostbarkeit ist die Handschriftensammlung von Kirchenmusik aus dem Nachlaß von Christian Bach. Es handelt sich dabei um Abschriften der Originale. Da die Originale aber im Zweiten Weltkrieg verloren gingen, nehmen die Einsiedler Abschriften heute ihren Platz ein.

Nicht in der Musik- sondern in der Handschriftenbibliothek sind die alten Choralmusikwerke aus der Zeit vor dem Jahre 1500. Darunter ein Codex aus dem 10. Jahrhundert, auf den noch heute die Aufführungspraxis des gregorianischen Chorals in Einsiedeln zurückgeführt wird.

Die „Cavalli della Madonna“

Früher wurden hohe Gäste des Klosters mit der Kutsche vorgefahren.

Abt Gerold von Hohensax schaut von seinen Psalmen auf und lehnt in den Sessel zurück. Die Gedanken wollen nicht so recht beim Gebet bleiben. Erst vor einem halben Tag ist er mit seinem Gefolge von Mönchen, Reitern und Edelknechten in diesem Gasthaus in Firenzuola, nördlich von Florenz, abgestiegen. Es ist März im Jahre 1465 und der Abt von Einsiedeln ist auf dem Weg zu Papst Pius II., der ihn bei Siena erwartet.

Seite 65: *Stuten und Fohlen auf der Weide am Meinradsberg.*

Der ungewöhnliche Menschenauflauf drunten im Hof vor den Ställen, wo die zweiundzwanzig Pferde des Klosters untergebracht sind, beunruhigt den Abt. Ob sich da eine Verschwörung anbahnt? Ob es die Männer auf die Pferde abgesehen haben? Da fährt er hoch und springt ans Fenster.

Die Leute sind in die Ställe eingedrungen, und die Reiter und Edelknechte setzen sich mit Schwertern, Mistgabeln und Stangen zur Wehr. Sie fühlen sich bedroht, glauben, die Meute wolle den Pferden etwas antun. Es kommt zu einem gewaltigen Handgemenge – glücklicherweise fließt kein Blut, aber sanft gehen die Einsiedler nicht mit den Italienern um.

Da tauchen Soldaten auf, umzingeln das Gasthaus samt dem Stall und fordern den Abt auf, sich zu ergeben. Das tut er, erschrocken zwar, aber trotzdem nur unter der Bedingung, daß ihm, seinen Leuten und seinem Besitz nichts geschehe. Die Italiener zeigen sich einverstanden, nehmen aber trotzdem zwei Knechte mit, die sich besonders heftig zur Wehr gesetzt haben.

Stute mit einem frisch geborenen Fohlen. Jährlich kommen in der klostereigenen Zucht fünf bis neun junge Rößlein zur Welt.

In der nun folgenden Verhandlung stellte sich der Irrtum heraus: Die Leute wollten nur die stattlichen Pferde im Stall bewundern, denn so schöne Tiere sahen sie nicht alle Tage. Erst nach Ostern wurden die Knechte wieder freigelassen und Abt Gerold konnte mit seinem Troß zum Papst weiterreisen.

Der Ruf, daß das Kloster Einsiedeln besonders schöne Pferde habe, war dem Abt nach Italien vorausgeeilt. Die Italiener gaben dann auch ir-

gendwann den Einsiedler Pferden den Namen „Cavalli della Madonna“.

Die Pferdezucht

Seit der Klostergründung züchteten die Einsiedler Mönche Pferde, hauptsächlich zum eigenen Gebrauch. In großem Stil betrieb das Kloster die Zucht dann seit 1503, als Abt Konrad von Hohenrechberg das hinter Einsiedeln gelegene Sihltal als Weide kaufte. Er handelte auch mit Pferden.

In die barocke Anlage baute Bruder Kaspar Braun den noch heute benützten Marstall. Er ist großzügig angelegt, mit einem Durchgang in der Mitte. Die Jungtiere werden in großen Räumen frei gehalten, die Zuchtstuten mit ihren Füllen sind in geräumigen Boxen untergebracht.

Pferde für's Gebirge

Die Einsiedler Pferde ernten auch heute noch viel Lob. Als Arbeitstiere sind sie weitgehend von den Traktoren verdrängt worden, werden aber gerne für das Reiten eingesetzt. Außerdem eignen sie sich besonders für gebirgiges Gelände, wo sie Lasten steile Hänge hinaufziehen oder in den verschneiten Wäldern Baumstämme schleppen.

Vom Frühling bis zum Herbst aber sind die Stuten mit ihren stelzbeinigen Fohlen immer die Attraktion der Pilger und Touristen – draußen auf den Weiden am Friherrenberg oder im Marstall des Klosters.

Alte Kulturtradition

Benediktiner werden gerne in direkten Bezug zu Kunst und Kultur gebracht. Das Mönchtum hat aber in der Kulturarbeit nie seine eigentliche Aufgabe gesehen. Vielmehr bemühten sich die Mönche, den Gottesdienst feierlicher zu gestalten, indem sie die Texte sangen und dazu musizierten. Sie schrieben in ihren Schreibstuben nicht Bücher, um die Bibliotheken zu füllen, sondern weil sie Bücher für die Liturgie und die geistliche Lesung brauchten. Schließlich benützten sie die Malerei, die Bildhauerei, die Architektur, um den Menschen Gott, den Himmel, die Bibel oder Ereignisse aus dem Leben der Heiligen näherzubringen. – So entstanden große Kulturwerke.

Pater Bernhard Flüeler beim Malen der Heiligenfresken im unteren Klausurgang, für die Tausendjahrfeier des Klosters.

Erbe und Neuschöpfung

Im Laufe der tausendjährigen Geschichte des Klosters Einsiedeln haben sich unzählige Kunst- und Kulturgüter angesammelt. Es ist eine wichtige Aufgabe in der schnellebigen und sich rasch verändernden Welt, das alte Kulturgut zu bewahren und zu pflegen. Aber ebenso notwendig ist es, daß die Mönche für den Wandel der Kultur offen bleiben und Neues, Zeitgemäßes schaffen. So haben Benediktiner immer auch als Maler, Bildhauer, Musiker oder Schriftsteller gewirkt und laufend neue Werke entstehen lassen.

Musiker

Über die Gottesdienste hinaus wird in Einsiedeln gesungen, musiziert, Orgel gespielt. Kleinere Ensembles geben ihre Konzerte mit Vorliebe im „Großen Saal", Chöre und Orchester treten in der Klosterkirche auf. Beliebt ist die Reihe der Orgelkonzerte im Sommer. Es sind in erster Linie Mönche, die dann an einem der drei Instrumente sitzen, aber auch Konzertorganisten aus aller Welt spielen gerne im Stift.

Die Einsiedler Komponistentätigkeit hat Tradition. Einige Musiker haben es zu Ruhm

Musik ist eine wichtige Sache in einem Benediktinerkloster. Neben Gesang in verschiedenen Formen wird vor allem das Orgelspiel gepflegt.

über die Klostermauern hinaus gebracht. Die meisten Werke aber werden im Kloster selbst gesungen und gespielt.

Schriftsteller

Niemand weiß, wieviele Bücher, Schriften, Broschüren und Artikel in Zeitungen und Zeitschriften aus der Feder von Einsiedler Mönchen stammen. Und immer wieder gibt es neue Themen, neue Ideen, neue Gedanken, die einer zu Papier und dann an die Öffentlichkeit bringt. Gewandelt hat sich lediglich das Schreibmittel: Auch im Kloster gibt es heute Textverarbeitung.

Auch im Kloster benutzen heute Schriftsteller und Redaktoren den Computer.

Maler

Andere wiederum drücken ihre Gefühle mit Pinsel und Farbe aus. Manche setzten sich Denkmäler, wie einst Pater Bernhard Flüeler, der die Heiligen des Klosters in imposanter Weise in den unteren Klausurgang malte. Dann gibt es auch wunderschöne Meßgewänder, von Einsiedler Mönchen entworfen, und Kleinode, wie prachtvolle Buchdeckel an Meßbüchern oder Holzschnitte in den Antiphonalen des Chorgebetes.

Im „Herrengarten" hinter dem Klostergebäude herrscht eine beruhigende Stimmung. Hier läßt sich's erholen.

Ausspannen und sich erholen

Mönche sind Menschen und Menschen müssen ausruhen, ausspannen, auftanken. So bietet auch der Klosteralltag Raum für Freizeit, Hobbys und Liebhabereien – aber alles im Rahmen, oder wie der heilige Benedikt sagen würde: „Mit Maß".

Freizeit

Nach dem Essen bleibt eine knappe Stunde, welche die Mitbrüder wenn möglich in Gemeinschaft verbringen. Die einen sitzen zusammen oder promenieren im Garten, andere klopfen einen Jass. Im Zeitungsstübchen liegt die neueste Aktualität auf, über den Bildschirm flimmert die Tagesschau. In der Mittagspause finden die einen bei schwarzem Kaffee Gelegenheit zum Plaudern, andere schöpfen frische Luft auf den Wegen rund um das Stift. Ab und zu bringen Tagesausflüge zu Fuß, per Bahn oder mit dem Bus Abwechslung ins Klosterleben.

Persönliche Steckenpferde

Mit persönlicher Freizeit sind die meisten nicht übermäßig gesegnet. Trotzdem findet jeder mal eine Stunde, um sich einem Hobby zu widmen. Einige musizieren, andere lesen, dritte züchten Goldfische oder exotische Vögel. Manche halten sich sportlich fit, pedalen per Velo um den Sihlsee oder joggen durch den Klosterwald.

Die einen musizieren …

... andere züchten exotische Vögel

Wer an der viertägigen „Lässe" im Frühling oder im Herbst teilnimmt, ist von der Arbeit, vom Chordienst und den gemeinsamen Aufgaben dispensiert. Am Nachmittag treffen sich die „Lässeanten" zum Zvieri in einer der Filialpfarreien. Den Weg dorthin bewältigen fast alle auf Schusters Rappen, verbunden oft mit einer Wanderung über die umliegenden Höhen.

Da gibt es solche, die schon früh am Morgen losziehen, den Lunch und eine Flasche guten Wein dabei und dann droben auf einem der Gipfel der Schwyzer Berge Mittagsrast halten. Die Älteren erzählen oft, daß sie früher von Einsiedeln aus auf die Rigi und zurück marschiert seien und das ohne Weiteres bis zum Mittagessen geschafft hätten.

Für die „Sommerlässe" eignet sich die Statthalterei in Pfäffikon bestens: Sie liegt direkt am Zürichsee und die meisten zieht es ans Wasser, vor allem, wenn die „Pfaffentschunke" – ein flaches Boot, das sonst dem Viehtransport dient – in den See sticht. Beliebt sind die morgendlichen Ausflüge auf die Insel Ufnau, verbunden mit einer heiligen Messe im fast tausend Jahre alten Kirchlein.

Die „Lässe"

Dreimal im Jahr steht „Lässe" in der Agenda. Das Wort kommt vom „Aderlaß", dem sich die Mönche in früheren Zeiten unterzogen, um das Blut aufzufrischen. Danach waren sie schlaff und müde und mußten ein paar Tage ausspannen. Mit dieser Art, sich gesund zu erhalten, kann man heute nicht mehr viel anfangen. Die Tage des Ausruhens aber sind samt dem Namen „Lässe" geblieben.

Ferien

Schlußendlich darf jeder zwei Wochen persönliche Ferien beziehen. Wer die ewige Profeß abgelegt hat, ist in der Wahl des Ferienzieles frei – soweit es in den mönchischen Rahmen paßt. Ab und zu ergibt sich auch die Möglichkeit, ins Ausland zu reisen. Luxus allerdings liegt nicht drin. Die Mönche mit zeitlicher Profeß verbringen ihre Ferien hauptsächlich in einem anderen Kloster.

Während der „Lässe" in Pfäffikon fahren die Mönche oft mit der „Pfaffentschunke" auf den Zürichsee hinaus. An schönen Abenden singen sie gemeinsam auf dem See draußen die Komplet.

Theater spielen und musizieren

Seit Jahrhunderten wird im und um das Kloster Theater gespielt. Mysterienspiele kamen schon früh zur Aufführung, dann aber auch Szenen aus „Heiligen Kriegen", vor allem gegen die Türken. Zur Zeit des Barock trieb diese Kunst oft überwuchernde Blüten. An künstlichem Blut wurde ebensowenig gespart wie an Feuerwerkseffekten und Kanonenschlägen, und nicht selten spielte sich das Theater vor dem ausgesetzten Allerheiligsten ab.

Das große Welttheater

Berühmt ist das „Große Welttheater", das die Einsiedler alle fünf Jahre vor der imposanten Klosterfassade mit beachtlichem Aufgebot an Laienschauspielern aus dem eigenen Ort aufführen. Der barocke Schriftsteller Pedro Calderon hat das religiöse Schauspiel mit viel Symbolcharakter geschrieben.

Es stellt die Erde als eine Bühne dar, auf der jeder Mensch seine ihm von Gott zugewiesene Rolle spielen muß: Der eine als König, der andere als Kaufmann, der dritte als Bettler. Am Ende der Zeit, wenn der Tod alle geholt hat, erscheint der Weltenrichter – quasi der Theaterkritiker des Welttheaters – und urteilt, wie gut ein jeder seine Rolle im Leben gespielt hat. Wer versagt hat, bekommt seine Strafe, wer bestanden, den ewigen Lohn.

Mozart, Dürrenmatt und Hardrock

Die Stiftsschüler ihrerseits geben – oft erstaunlich professionell – unter der Leitung von Lehrern und Lehrerinnen auf der Bühne des modernen Theatersaals mindestens einmal im Jahr ihr Bestes.

Wer sich lieber musikalisch auf die Bühnenbretter begibt, kann im Plauschchor mitwirken, wer ein Instrument spielt, nimmt Platz am Musikpult des Stiftsorchesters oder der Feldmusik, die sogar Tourneekonzerte in ganz Europa gibt. Wer es schließlich „rough and loud" mag, kommt mit den schuleigenen Jazz- und Rockbands zu spektakulären Open-Air-Konzerten.

Szene aus dem „Großen Welttheater".

Der heilige Wolfgang, wie er im unteren Klausurgang dargestellt ist.

Im Chor der Heiligen

Immer lebten in Einsiedeln auch heiligmäßige Mönche. Einige sind von der Kirche heilig gesprochen worden, andere werden wie Heilige verehrt.

Der Eremit Meinrad lebte als erster im „Finstern Wald“ und wurde dort von Räubern erschlagen. Am Ort seiner Klause bauten Benno und Eberhard später das Kloster. (*siehe Seite 14*)

Wolfgang

Der heilige Wolfgang war Benediktinermönch in Einsiedeln. 965 trat er hier ein und wurde vom heiligen Ulrich, der oft als Gast im Stift weilte, zum Priester geweiht. Seine Weisheit machte ihn zum begehrten Lehrer. Auch die Schreibstube des Klosters zog Nutzen aus seinem Können. Dann reiste er als Glaubensbote nach Ungarn. Später ernannte ihn der deutsche König zum Bischof von Regensburg. Dort förderte Wolfgang die Ausbildung von Priestern und Mönchen, Volk und Adel. Er setzte sich für Reformen in den Klöstern ein und half den Armen.

Einsiedler Heilige

Meinrad
Benno
Eberhard
Thietland
Gregor
Reginlinde
Adelrich
Wolfgang
Gerold
Ulrich
Kuno
Friedrich
Adalgot
Frowin
Meinrad Eugster

Bruder Meinrad Eugster

Bruder Meinrad Eugster trat 1874 ins Kloster ein. Er leitete die Schneiderei und wirkte als Vorbild durch sein bescheidenes und heiligmäßiges Leben, vor allem aber durch seine Demut und seinen Gehorsam. Er starb am 14. Juni 1925. Zu seinem Grab am Patroziniumsaltar, gleich neben der Gnadenkapelle, kommen viele Menschen, um zu beten. Bereits seit Jahren läuft in Rom der Heiligsprechungsprozess.

Bruder Meinrad Eugster

Bevor der Mönch die Gelübde ablegt, wirft er sich auf den Boden nieder, während die Mitbrüder für ihn beten. Dann steht er auf und sagt: „Ich bin bereit."

Wer wird Mönch?

Es genügt nicht, eine Kutte anzuziehen und „Gloria patri" zu singen – wer den Weg der Mönche gehen will, muß auf Besitz, Familie und weitgehende persönliche Freiheit verzichten können und in einer Gemeinschaft von Menschen leben, die einander nicht selber gewählt haben. Vor allem aber muß er den ehrlichen Willen haben, Gott zu suchen. Darum wird er sich jahrelang prüfen und prüfen lassen.

Ein langer Weg

Meist kommt ein Interessent zuerst ein paar Wochen als Gast. Dann wird er Kandidat für ein halbes oder ein ganzes Jahr und gewöhnt sich an den äußeren Klosterbetrieb. Ehemalige Stiftsschüler können darauf verzichten; man kennt sich bereits.

Durch das Noviziat muß jeder. Es dauert ein volles Jahr. In dieser Zeit lernt der Neuling – der Novize – sich und das Mönchsein auch von innen kennen. Wenn er dann zu den einfachen Gelübden zugelassen wird, legt er diese für drei Jahre ab. Erst danach darf er sich durch die ewigen Gelübde für immer ans Kloster binden.

Die Brüder lernen einen Beruf, wenn sie das nicht schon vor dem Noviziat gemacht haben. Für die angehenden Priester besitzt das Einsiedler Stift seit 1620 eine eigene theologische Schule. Sie steht auch Studenten offen, die von Bischöfen oder anderen Klöstern gesandt werden. Als Professoren dozieren Patres. Den Abschluß des theologischen Studiums müssen die Priesterkandidaten allerdings an einer auswärtigen Hochschule machen.

Am Ende eines Lebens

Die Gruft: letzte Ruhestätte der Mönche.

Wenn die große Glocke am Morgen um Sieben vom Südturm her dröhnt und dabei zweimal ihr Läuten unterbricht, meldet sie den Tod eines Mönchs. Der Tod gehört zum Leben. Es ist ganz natürlich, daß im Kloster auch über den Tod gesprochen wird. Er ist ja der Beginn des ewigen Lebens.

Wenn ein Mönch stirbt, nehmen seine Mitbrüder drei Tage lang Abschied von ihm. Bekleidet mit der Chorkutte, ein Kreuz und den Rosenkranz in den gefalteten Händen, die Kapuze hochgezogen, im offenen, blumengeschmückten Sarg – so wird er seine letzte Ruhestätte in der Gruft unter der Kirche finden.

Am ersten Abend wird der Tote, von der ganzen Klostergemeinschaft begleitet, aus dem Konvent in die Magdalenenkapelle übertragen und dort in einer Seitennische inmitten von Blumen und Kerzen aufgebahrt. Dann beten die Mönche das Totenoffizium.

Am dritten Tag feiert der Abt das Requiem – die Totenmesse, – an der die Mitbrüder teilnehmen. Der Verstorbene liegt aufgebahrt im Kirchenschiff. Nach dem Requiem schließen die Mitbrüder einen Kreis um ihn. Sie tragen Kerzen in den Händen und singen „Libera“ – „Befreie ihn o Herr von den Pforten der Unterwelt ...“ Der Abt spricht den Segen. Mönche tragen den Verstorbenen hinab in die Gruft, die an diesem Tag geöffnet ist. Dort wird er in die leere Nische gelegt. Das Grab wird zugemauert. Eine schlichte Aufschrift mit Namen, Alter und Todesjahr auf der Grabplatte ist der einzige Schmuck. In den nächsten Tagen wird die Gruft wieder verschlossen.

Grabdenkmal über der Gruft.

Kleines Klosterlexikon

Alle Begriffe erscheinen im vorangehenden Text. Die Erklärungen beziehen sich daher auf Einsiedeln oder auf die Benediktiner, sofern sie nicht allgemeinen Charakter haben.

A

Abbatia nullius	* Abtei, in welcher der Abt ähnliche Rechte wie ein Bischof ausübt.
Abt	* Vorsteher von Klostermönchen. Wird vom Kapitel gewählt.
Abtei	* a) Kloster, das unter einem Abt steht. b) Der Arbeits- und Wohnbereich des Abtes.
Adelsprivileg	* Nur Adelige können ins Kloster aufgenommen werden.
Advent	* Vorbereitungszeit auf Weihnachten. Mit dem Advent beginnt das Kirchenjahr.
Alleluja, Halleluja	* Jubelvers im Alten und Neuen Testament.
Allerheiligstes	* Die Hostie nach der Wandlung – Der Leib des Herrn.
Altar	* Opfertisch, meistens aus Stein. Er enthält Reliquien von Heiligen.
Altarlade	* Behälter im Altar, der geöffnet werden kann.
Anbetung	* persönliches oder gemeinsames Gebet vor dem Allerheiligsten.
Antiphonale	* Buch mit den Gesängen des Chorgebetes.
Arkade	* Säulengang.
Askese	* strenge und enthaltsame Lebensweise zur Verwirklichung religiöser Ideale.
Assistent	* Priester, der dem Hauptpriester bei der liturgischen Feier hilft.

B

Barock	* Stilepoche im 17. und 18. Jahrhundert.
Beichtstuhl	* Sitz des Beichtvaters beim Abnehmen der Beichte.
Benedictus	* Lobgesang des Zacharias (Luk 1,68–79) gesungen in der Laudes.
Benediktiner	* Nach der Regel Benedikts lebende Mönche in schwarzer Ordenstracht.
Betrachtung	* Eintauchen in einen religiösen Text oder Gedanken und darüber nachsinnen.
Bischof	* Vorsteher eines Bistums, Nachfolger der Apostel.
Bischofskonferenz	* Versammlung aller Bischöfe eines Landes. In der Schweiz die höchste kirchliche Stelle.
Bruder	* Anrede eines Mönchs, der nicht Priester ist.
Brustkreuz	* Metallenes Kreuz an einer Kette als Zeichen für einen Abt oder Bischof.

C

Canticum	* Gesang mit Text aus dem Alten oder Neuen Testament.
Cavalli della Madonna	* „Die Pferde der Muttergottes". So nannten die Italiener die Einsiedler Pferde.
Chor	* a) Altarraum, in dem die Mönche beten und singen. b) Gesangsgruppe.
Choral gregorianisch	* Der einstimmige liturgische Gesang der Kirche. Benannt nach Papst Gregor I.
Choralmagister	* Leiter der Choralschola.
Choralschola	* Ursprünglich: Gesangsschule. Gemeint ist die choralsingende Gesangsgruppe.
Chordienst	* Der gemeinsame Gesangs- und Gebetsdienst der Mönche.
Chorgebet	* Das Stundengebet der Mönche. Siehe Stundengebet.
Chorkutte	* schwarze Kutte mit weiten Ärmeln und vielen Falten.
Chorstallen, Chorgestühl	* Gestühl in mehreren Reihen auf beiden Seiten des Chores, in denen die Mönche wechselseitig beten.
Christianisierung	* Bekehrung der Völker zum Christentum.
Codex	* Alte Handschrift auf Pergament, zu einem Buch gebunden.
Consilium	* Der kleine Rat des Abtes.

D

Dekan	* Prior, Stellvertreter des Abtes.
Diözese	* Amtsbereich eines Bischofs.
Domherr	* Mitglied des Domkapitels, Berater des Bischofs.
Dompropst	* Vorsitzender des Domkapitels.
dozieren	* lehren, Vorlesung geben – an Hochschulen.

E

Einsiedler	* Allein lebender Mönch.
Engelweihe	* Feier der Weihe der Gnadenkapelle am 14. September.
Eremit	* Einsiedler.
Escorial	* Schloß der spanischen Könige mit Augustinerkloster in Madrid.
Eucharistiefeier	* Die Feier der heiligen Messe als Andenken an das Letzte Abendmahl.
Evangelisten	* Verfasser der Evangelien: Matthäus, Markus, Lukas, Johannes.
Exerzitien	* Geistliche Einkehr in Zurückgezogenheit mit Vorträgen, Betrachtung, Gebet.
Externat	* Schulabteilung, deren Schüler außerhalb des Klosters wohnen.

F

Fastenzeit	* Vorbereitungszeit auf Ostern. In dieser Zeit schränkt man sich im Essen oder anderen Genüssen ein.
Filialkirche	* Tochterkirche.
Firmung	* Sakrament durch Handauflegung und Salbung zur Festigung im Glauben.
Frater	* Anrede eines Mönchs, der auf das Priesteramt vorbereitet wird.
Fresko, Freske	* Gemälde, direkt auf den feuchten Gips gemalt.
Fürbitte	* Bitte für andere und für Anliegen.
Fürstabt	* Abt im Range eines Fürsten als weltlicher Herrscher über sein Hoheitsgebiet. Abgeschafft nach 1800.

G

Gegenreformation	* Kampf der katholischen Kirche gegen die Ausbreitung der Reformation. Innere Reform.
Gelübde	* Für eine bestimmte Zeit oder ewig dauerndes Versprechen: Gehorsam, Klösterlicher Lebenswandel und Beständigkeit.
Glaubensbote	* Missionare des Christentums im Mittelalter.
Gloria patri	* „Ehre sei dem Vater ..." wird u.a. am Ende jedes Psalms gesungen bzw. gebetet.
Gnadenbild	* An Wallfahrtsorten verehrtes Christus-, Marien- oder Heiligenbild.
Gnadenkapelle	* Kapelle mit dem Gnadenbild Marias an der Stelle, an der Meinrads Klause stand.
Gotik	* Stilepoche des 13. bis 15. Jahrhunderts.
Gotteshausleute	* Untertanen einer Kirche oder eines Klosters im Mittelalter.
Gradualgesang	* Bes. kunstvoller Chorgesang zur Messe.
Grisaillemalerei	* Grau-in-grau-Malerei.
Gruft	* Grabstätte der Mönche. In Einsiedeln unter dem vorderen Teil des Kirchenschiffs.
Gymnasium	* Mittelschule mit Maturaabschluß.

H

Handschrift	* Von Hand geschriebenes Buch, meist auf Pergament.
Heiliger	* Verstorbener, der Gott schauen darf.
Heiligsprechung	* Feierliche Erklärung, daß ein Verstorbener als Heiliger in Gottesdiensten angerufen werden darf.
Hof	* Hofhaltung des ehemaligen Fürstabtes. Heute Gästetrakt des Klosters.
Hoheitsrecht	* Mit der höchsten Staatsgewalt verbundenes Recht wie Regierung, Gerichtsbarkeit etc.
Hore	* Gebetsstunde – die Tageszeit im Stundengebet.
Hymnus	* Religiöses Loblied.

I

installieren	* Einen Pfarrer einsetzen.
Internat	* Schulabteilung, deren Schüler im Kloster wohnen und essen.

K

Kantor	* Vorsänger.
Kapitel	* Vollversammlung der Mönche mit ewiger Profeß.
Kapitelchen	* Zusammenkommen der Mönche im Kapitelsaal vor der Komplet.
Kapitelsaal	* Versammlungsraum der Mönche.
Kapitular	* Stimm- und wahlberechtigter Mönch.
Kaplan	* Hilfspriester.
Kartage	* Gründonnerstag, Karfreitag, Karsamstag.
Kirchenjahr	* Alljährliche Reihenfolge der Feste und Festzeiten, beginnend mit dem Advent.
Kirchenvater	* Durch Wissen und Heiligkeit ausgezeichneter Kirchenschriftsteller der älteren Zeit.
Klassik	* Stilepoche um die Wende des 18./19. Jahrhunderts.
Klause	* Hütte des Einsiedlers.
Klausur	* Privatbereich der Mönche, in den keine Außenstehenden gehen dürfen.
Kloster	* Geschlossene Behausung, in der Ordensleute nach der Regel gemeinsam leben.
Kommunion	* Der sakramentale Empfang der Eucharistie.
Komplet	* Nachtgebet - letzte Hore aus dem Chorgebet.
Kongregation	* Zusammenschluß mehrerer Klöster, meist im gleichen Land.
Konvent	* a) Klostergemeinschaft b) Gebäudeteil der Klostergemeinschaft.
Konventamt	* Die gemeinsame Eucharistiefeier der Klostergemeinschaft.
Konzelebrieren	* Das gemeinsame Messefeiern mehrerer Priester.
Kreuzgang	* Zentraler, rechteckiger, gedeckter Säulengang in mittelalterlichen Klöstern.
Kulissenmalerei	* Malerei, die durch Perspektive Räume, oder den Blick durch sie ins Freie vortäuscht.
Kustos	* Verwalter der Kirche.
Kutte	* Mönchsgewand. Bei den Benediktinern schwarz mit Skapulier und Kapuze.

L

Lässe	* Freie Tage im Kloster, an denen die Mönche vom Chordienst befreit sind.
Laudes	* Die Morgen-Hore des Stundengebetes.
Lehen	* Verleihung von Grundstücken des Krongutes im Mittelalter.
Lesung, geistliche	* Von Benedikt vorgeschriebene tägliche Lesung von religiösen Büchern.
Litanei	* Anrufung Gottes und der Heiligen im Wechsel zwischen Priester oder Vorsänger und Volk.
Liturgie	* Festgeregelte Zeremonie des Gottesdienstes und anderer kirchlicher Handlungen.

M

Magnificat	* Der Lobgesang Marias (Lk 1,46–55) gesungen in der Vesper.
Marchenstreit	* Jahrhundertelanger Streit der Schwyzer mit dem Kloster Einsiedeln um die Grenzen.
Marstall	* Der fürstliche Pferdestall.
Matutin	* Die Nacht-Hore des Stundengebets.
Meditation	* Besinnung, schauende Betrachtung.
Meßbuch	* Buch mit den Gebeten und Gesängen der Messe.
Messe, einstimmige/ mehrstimmige	* Kyrie, Gloria, Credo, Sanctus, Agnus Dei. Gesänge zu den festbleibenden Teilen der Messe.
Messe, Meßfeier	* Eucharistiefeier.
Meßgewand	* Überwurfartiges Gewand, oft kostbar ausgearbeitet, das der Priester zur Messe trägt.

Miniatur * Verzierte Bilder in Anfangsbuchstaben der Handschriften.
Mitra * Feierliche Kopfbedeckung der Bischöfe und Äbte bei kirchlichen Handlungen.
monastisch * mönchisch, klösterlich.
Mönch * Mann, der aus religiösen Gründen als Einsiedler oder in einem Kloster lebt.
Monstranz * goldenes Gefäß zum Zeigen und Aussetzen des Allerheiligsten.
Monte Cassino * Von Benedikt selber gegründetes erstes Benediktinerkloster in Italien.
Münster * Klosterkirche.

N
Nonne * Frau, die aus religiösen Gründen als Einsiedlerin oder in einem Kloster lebt.
Novize * Neueingetretener Mönch im ersten Klosterjahr.
Novizenmeister * Betreuer der Novizen.
Noviziat * Die einjährige Probezeit der Mönche vor den ersten Gelübden.

O
Oktogon * Achteck; Raum der Stiftskirche über der Gnadenkapelle.
Ökumene * Zusammenarbeit verschiedener Religionen.
Orden * Religiöse Gemeinschaft mit Gelübde und Regel
Osterkerze * In der Osternacht entzündete Kerze als Symbol Christi. Brennt in allen Gottesdiensten bis Pfingsten.
Osternacht * Die Auferstehungsfeier in der Nacht vor Ostern.

P
Pater * Anrede eines Mönchs, der Priester ist.
Patron * Schutzheiliger.
Patrozinium * Das Fest eines Schutzheiligen.
Pfarrer * Priester, der einer Pfarrei vorsteht.
Pfleger * Verwalter, Stellvertreter.
Pilger * Jemand, der zu einem Gnadenort reist um dort zu beten, zu sühnen oder zu danken.
Präfekt * Betreuer der Studenten außerhalb des Schulunterrichts.
Priester * Durch sakramentale Weihe Mittler zwischen Gott und den Menschen. Er darf das Meßopfer feiern und Sakramente spenden.
Priorat * Benediktiner- oder Benediktinerinnenkloster ohne Abt bzw. Äbtissin.
Profess * Das Ablegen der Gelübde.
prophezeien * weissagen, die Zukunft voraussagen.
Prozession * Gottesdienstlicher Umzug in oder außerhalb der Kirche.
Psalmen * Religiöse Gesänge aus dem Alten Testament, v.a. David zugeschrieben.

R
Rauchfaß * Gefäß zum Verbrennen von Weihrauch.
Refektorium * Speisesaal der Mönche.
Reformation * Trennung der reformierten von der katholischen Kirche. In der Schweiz um 1520, ausgelöst durch Huldrich Zwingli.
Reformkloster * Regeltreues Kloster, das andere Klöster mit Verfallserscheinungen zum Ursprung zurückführt.
Regel * Die Vorschriften Benedikts für die Mönche.
Reichskirche * System der Karolinger und Ottonen zur Festigung ihres Reichs durch Einbeziehung der Kirche und Ausstattung von Bischöfen und Äbten mit weltlichen Vollmachten.
Reichsunmittelbarkeit * Das Kloster untersteht direkt dem König bzw. dem Kaiser.
Rektor * Der Leiter der Stiftsschule.
Reliquiar * Gefäß zur Aufbewahrung von Reliquien.
Reliquie * Gebeine eines Heiligen.

Renaissance	* Stilepoche im 15. und 16. Jahrhundert.
Requiem	* Totenmesse.
Ring	* Fingerring als Zeichen der Bischofs- oder Abtswürde.
Rokoko	* Stilepoche am Ende des 18. Jahrhunderts.
Romanik	* Stilepoche im 11. und 12. Jahrhundert.
Rosenkranz	* Gebetsschnur mit fünf mal zehn Kugeln zum Abzählen der „Ave Maria".

S

Sakristan	* Betreuer der Sakristei.
Sakristei	* Ankleideraum für die Priester bei kirchlichen Handlungen.
Salve Regina	* Grußlied an Maria.
Schiff, Kirchenschiff	* Der Kirchenraum für die Gläubigen (Langhaus). Durch die Säulen in mehrere Längs-Schiffe geteilt.
Schirmvogt	* Blutgerichtsbarkeit und Schutzverpflichtung eines weltlichen Herrn für ein Kloster.
Schreibstube, Schreibschule	* Der Raum, in dem die Mönche des Mittelalters die Bücher schrieben.
Scriptor	* Schreiber.
Seelsorger	* Betreuer der Gläubigen.
Sext	* Die Mittags-Hore des Stundengebets.
Sigrist	* Sakristan.
Skapulier	* Der Schultern, Brust und Rücken deckende Überwurf für das Ordenskleid.
Sonderbundskrieg	* 1847, Bürgerkrieg der kath. gegen die ref. Kantone.
Spiritual	* Geistlicher Betreuer in Ordensgemeinschaften.
Stab, Krummstab	* Der Hirtenstab. Zeichen der Bischofs- und Abtswürde.
Standeswallfahrt	* Wallfahrten der Stände = so hießen früher die Kantone.
Statthalter	* Verwalter von Klostergütern.
Stift	* Kloster.
Stuck, Stukkatur	* Mit Leim und Gelatinezusatz angerührte Gipsmasse zur plastischen Verzierung von Decken und Wänden.
Stundengebet	* Das sich auf mehrere Gebetszeiten (Horen) verteilende Gebet der Kirche, zu dem Priester, Mönche und Nonnen verpflichtet sind. Es enthält innerhalb von vier Wochen alle 150 Psalmen, dann Gebete, Hymnen, Cantica, Lesungen und Fürbitten. In Einsiedeln teilweise gesungen.
Subprior	* Der Unter-Prior. Der Stellvertreter des Dekans.

T

Tabernakel	* Aufbewahrungsort des Allerheiligsten. In Einsiedeln im Hochaltar.
Te Deum	* „Dich Gott loben wir ..." Lobgesang an Sonn- und Festtagen in der Matutin.
Theologie	* Die Lehre von Gott als Wissenschaft an den Hochschulen.
Totenoffizium	* Stundengebet für die Toten.

V

Vesper	* Die Abend-Hore des Stundengebets.
Vision	* Wahrnehmung von geistlichen Dingen und Botschaften, für andere unsichtbar.

W

Wallfahrt	* Reise zu einem Heiligtum
Wiegendruck	* Druck aus der Anfangs-(Wiegen-)zeit der Buchdruckerkunst.

Z

Zellerar	* Der Küchenmeister im Kloster.
Zeremoniar	* Der Verantwortliche für den Ablauf der kirchlichen Handlungen.

Inhaltsverzeichnis